中國美術分類全集

中國建築藝術全集

21 宅第建築(二)(南方漢族)

中國建築藝術全集編輯委員會 編

本卷主編

陸元鼎　華南理工大學教授

陸　琦　廣東省建築設計研究院高級建築師

攝影

陸　琦等

凡例

一　《中國建築藝術全集》共二十四卷，按建築類別、年代和地區編排，力求全面展示中國古代建築藝術的成就。

二　本書為《中國建築藝術全集》第二十一卷『宅第建築（二）・南方漢族』。

三　本書圖版按地區、由北到南編排，詳盡展示了我國南方漢族民居的主要特徵及其藝術表現。

四　卷首載有論文《南方漢族民居》，概要論述了南方漢族民居的形成、分區及其藝術表現。在其後的圖版部份精選了二百二十四幅建築内外部照片。在最後的圖版說明中對每幅照片均做了簡要的文字說明。

目錄

論　文

圖　版

南方漢族民居

一、概論

（一）南方漢族民居研究的範圍

我國是一個多民族國家，人口分佈中，漢族佔大多數。以傳統民居來説，無論在數量上、地域上都佔著主要地位。

漢族民居，從地理上看，可以分為北方、南方兩大區域，一般劃分是以長江為界，當然也有某些區域是跨江的。

在南方，還可以分為五個區域帶，即漢族亞文化地域帶，一、以吳語為主要流通方言的江浙地域帶；二、以贛湘語為主要流通方言的贛湘地域帶；三、以閩語為主要流通方言的福建地域帶；四、以廣府白話為主要流通方言的嶺南地域帶；五、以客家話為主要流通方言的粵閩贛三省交界處客家地域帶。它們的區分是根據各地氣候地理自然條件以及方言、習俗、人文特徵等條件，即按照民系的觀念來區分的。民系的組成，一般有三個基本條件，一是共同的方言，這是交流、溝通思想的最基本手段；二是共同的生活方式和習俗，這是人們共同活動和生產的基礎；三是共同的心理素質、信仰，這是共同文化、性格的表現。當然也不排斥某些特殊的習俗和觀念的存在。至於四川地區，應屬於北方官話語系中的西南地域帶，即西南官話區域，因劃入本書研究範圍之內，故列入之。

（二）南方漢族民系的形成

漢族的形成

先秦以前，相傳中華大地上主要生存著華夏、東夷、苗蠻三大文化集團，經過連年不斷的戰爭和較量，最終華夏集團取得了勝利，上古三大文化集團基本溶為一體，形成為一個強大的部族，歷史上稱為夏族或華夏族。

春秋戰國時期，在東南地區還有一個古老的部族稱為『越』或『於越』，當時比較強大的一支是會稽越國，以後東南越族逐漸為夏族兼併而融入於華夏族之中。

秦統一各國後，到漢代，我國都用漢人、漢民的稱呼，當時，它還不是作為一個民族的稱呼。直到隋唐，漢族這個名稱才基本固定下來了。

歷史上的漢族與我國現代的漢族的含意不盡相同。歷史上的漢族，實際上從大部族來說它是綜合了華夏、東夷、苗蠻、百越各部族而以中原地區華夏文化為主的一個民族。其後，魏晉南北朝時期，西北地帶又出現烏桓、匈奴、鮮卑、羯、氐、羌等族，南方又有山越、蠻、俚、僚、爨等族，各民族之間經過不斷的戰爭和遷徙、交往達到了大融合。到明清時期，除漢族以外，還存在著很多其他民族，較大的有：藏、蒙、維吾爾、回、壯、滿、彝、苗以及西南地區的白、傣、侗、瑤、納西等民族。現在的中華民族是包含了漢族和其他五十五個少民族在內的一個大民族。本書所指的是明清以來漢族的概念和範圍。

南方漢族民系的形成

東漢——兩晉時期，黃河流域長期戰亂和自然災害，人民生活困苦連天。永嘉之亂後，大批北方漢人紛紛南遷，這是歷史上第一次規模較大的人口遷徙。當時，大量人口從黃河流域遷移到長江流域，他們常以宗族、部落、賓客和鄉里等關係結隊遷移，大部份定居在江淮地區，部份遷至太湖以南地區吳、吳興、會稽三郡，也有一些遷入金衢盆地和撫河流域。

當時的遷移路線，大致可以歸納為三條：

一是居於今陝西、甘肅、山西的一部份士民，當時稱為『秦雍流人』。他們起初沿漢水流域順流而下，渡長江而抵達洞庭湖區域。其遠徙者，再經湘水轉至桂林，沿西江而進入廣東的西部和中部。

二是居於今河南、河北的一部份士民，當時稱為『司豫流人』。他們渡長江後，分佈於江西的鄱陽湖區域，或順流西下，到達皖、蘇中部，有一小批人則沿贛江而上，進到粵閩贛交界地。

三是居於今山東、江蘇及安徽的一部份士民，當時稱為『青徐流人』。他們初循淮水而下，越長江而佈於太湖流域；其更遠的，有達於浙江福建沿海的。

隋唐統一中原，人民生活漸趨穩定和改善。但到了唐中葉後，北方戰亂又起，安史之亂後，出現了比西晉末年更大規模的北方漢民南遷。當時，北方田地荒蕪，人口鋭減，到唐末，全國經濟的重心已轉移到了南方。

北宋末年，金兵騷擾中原，中州百姓再一次南遷，史稱靖康之亂，這次大遷移為歷史以來規模最大的，估計達到三百萬人南下。其中一些世代居住在開封，洛陽的高官貴族也陸續南遷。

歷史上三次大規模的南遷對南方地區的發展具有重大意義。東晉移民中，大多為宗室貴族、官僚地主、文人學者，他們的社會地位，文化水平和經濟實力較高，到達南方後，無論在經濟上、文化上使南方地區獲得了很大的提高和發展。

到了宋代，南方五個民系都已相繼形成。當然，民系的形成不是一朝一夕能達到的，而是經過相當長的時間，由北方移民和南方本地土著人民不斷地融洽、溝通、相互吸取優點而共同形成的。這五個民系的地域，就是上述五個區域帶的範圍。不同民系地域，雖然同樣是漢族，由於地區人文，習俗和自然條件的差異，給民居都帶來了不同程度的影響，從而，也形成了各地區民居的不同的居住模式和特色。

(二) 地方民居形成的因素

地方民居，也即民系民居，它的形成有下列幾個因素：

社會因素

中國封建社會的制度是形成民居平面佈局的首要因素。封建制度的核心是等級制和儒禮宗族制。大、中型民居的院落式平面佈局就是這種形制的產物。封建制度等級森嚴，無論建築的規模、大小、開間、進深以及屋頂形式，甚至裝飾、裝修、色彩，都有嚴格規定。例如民間宅居不得超過三間，色彩規定黑白素色。而大型宅第就可以多進、多院落、甚至多路建築佈局，并且可以帶書齋、帶園林。從民居的平面佈局就可以看到社會制度對建築的影響。

經濟因素

這是民居形成的物質基礎。民居的營建需要材料，並以一定的構造方式建造起來，民宅所用材料的多少、貴賤和營造、結構方式決定著民居建築的規模、質量和等級。富有者可在建築的大門、屋頂和室內進行華麗的裝飾裝修，而貧窮者祇能以泥牆擋風雨、薄瓦以蔽身。經濟條件是民居形成貴賤、等級的重要因素。

當然，勞動人民的智慧是無限的，長期的實踐和使用、設計、施工三位一體的營建方式，使貧苦的庶民在一定的經濟條件下，也能創造出功能比較實用、形象比較美觀、並能結合地形的合適民宅。

自然條件

民居的建造是在一定的地點範圍內和在一定的地理、氣候條件下完成的。北方的天氣乾燥、寒冷，南方的氣候悶熱、潮濕，導致南北民居建築的處理方式、手法都不一樣。以地理環境來説，有坡地、平地、河流、小溪、有山、有水，民居建於坡地或平地上，或建於水畔，其景觀效果都不一樣。特別是氣候因素對民居建築的平面佈局、建築造型以及內部空間影響更大，這也是不同地區民居形成不同模式，不同特色的重要原因。

人文條件

人文條件包括民情、民俗、生活、生產方式以及文化、性格、審美觀等內容。例如小農經濟生產方式產生出封閉性農村民宅及其村落佈局，士大夫、文人的性格與文化特徵形成園林式和書齋式民宅；商人住宅中，前鋪後宅和下鋪上宅的佈局方式，既滿足生產——商業需要，又滿足生活——居住需要；要防禦、又要聚居，就形成了客家圍樓的居住方式。特別在一些民宅的裝飾裝修中，更深刻地反映了民居建築的人文色彩。

民居建築的形成是綜合了各方面的因素。社會制度、經濟條件是民居建築形成的基本因素，而自然和人文條件則是民居建築形成不同平面類型、不同居住模式以及地方特色的重要因素。

二、南方漢族民居的特徵

（一）社會特徵

中國在歷史上長期以來是一個以宗法制度為主的封建社會，家庭經濟以自給自足的農業生產為基礎，以血緣紐帶為聯係。而維持社會穩定的精神支柱則是儒家倫理道德學說。這種學說提倡長幼有序、兄弟和睦、男尊女卑、內外有別等道德觀念，並崇尚幾代同堂的大家庭共同生活，以此作為家庭興旺的標誌。對民居建築來説，它對內要滿足生活和生產的需要，對外則採取防止干擾的做法，實行自我封閉，尤其對婦女的活動嚴格限制在深宅內院之中。宗法制度的另一重要內容則是崇祖祀神，提倡家族或宗族祖先的崇拜和祭祀各種地方神祇。這種宗法制度和道德觀念對民居的平面佈局、房間構成和規模大小有著深刻的影響。

以經濟來説，南方地區的經濟較之北方為繁榮和發達。據史載，唐宋以來，我國南方人口不斷劇增。如江南地區，宋史所載『平、江、常、潤、湖、杭、明、越，號為士大夫淵藪，天下賢俊多避地於此』，貴族、文人士大夫長期居留在江南，正是本地經濟、文化發展快速的重要原因之一。

明清時期，農業生產技術的進步為手工業生產的繁榮打下了基礎，也為社會分工的擴大提供了條件。作為建築手工業生產如木工、磚工、瓦工、石工等營造技術得到不斷的提高，特別是作為裝飾手工業，如木雕、磚雕、石雕，灰塑、陶塑、彩繪等工種，不但匠人技藝日益精湛，而且門類衆多，它為南方傳統建築的藝術表現增添了光彩。

以蘇州為例，早期的平江府是宋代有名的府城，它比較典型地反映了我國封建社會的特徵。城內有著棋盤形的街道和排列整齊的民宅。民宅前臨街巷，後有小河，水陸交通和用水十分方便。城外民宅更是遍及各鄉各村。它與江南環境結合，表現出濃厚的水鄉特色（圖版三七至三九）。

（二）氣候地理特徵

我國南方地區夏季炎熱、潮濕、多雨；在冬季，湘贛、江浙、四川地區寒冷，并有霜雪。而東南沿海地區則比較溫和，有的地區終年不下雪。每年夏秋季，東南沿海地區常有颱風侵襲，颱風來時帶有暴雨，對人畜、建築傷害極大。江南沿海地區則颱風很少，春季雖潮濕多雨，但夏秋以後，氣候乾爽涼快，有利於居住生活。這種不同的氣候條件是各地民居形成不同佈局的重要原因之一。

人們在居住生活中需要有一個舒適健康的環境，這就要求住宅有良好的朝向以獲得充足的陽光。在潮濕的春天和炎熱的夏天則要求住宅有良好的通風條件，同時，要避免陽光的直射，以防止室內溫度過高。特別在東南沿海地區更要防禦颱風、暴雨的侵襲，以保護民宅的安全。

在地理方面，南方多丘陵地帶，山多水多。有些山嶺多石山、懸崖、峭壁，但風景優美。水則除江湖外，其支流密佈於南方諸省。山瀑傾瀉、小溪曲流、泉水上湧以及濃鬱的林木等都構成了南方大自然山水的特有景色。此外，遍佈南方各地的丘陵坡地和溪流湖泊，給南方建築結合自然帶來了天然的素材和優美的環境，并豐富了南方民居的濃厚生活氣息。屋前有塘有坪，屋旁有竹有林，村前河流貫通，村後有山為屏，它構成了傳統民居和村落結合地形地貌的佈局模式。

山水地理特徵也給城鎮民居帶來了佈局內容。望族世家和士大夫階層住在城中，又想欣賞大自然的野外景色，於是，採用把自然山水景色濃縮和提煉的手法移植到城鎮宅居之中，這樣，就產生了帶園林的宅第形式。在江南地區就有一些著名的宅第園林實例（圖版四、一九），它明顯地反映了江南水鄉特色。

（三）文化特徵

在南方諸省中，江浙地區是南宋王朝直接統治的地區，以後延續到明清，望族世家、官僚士大夫階層長期居留在此地。他們居住的宅第規模大、佔地廣、而且還帶有私家觀賞的園林。而廣大農村，在封建等級制度下，住宅就祇能三間寒舍，不得超越。

崇天敬祖思想對民居的影響也非常大，人居住在住宅中必須尊崇天地、尊敬祖先，敬仰神仙，包括天神、地神、鬼神。因此，在民居設計中，祠堂、祖堂是建造時首先考慮的內容。古制規定『君子將營宮室，宗廟為先，廏庫為次，居室為後』，地方上的家廟、祠堂也是如此。宋朱熹所著《家禮》一書就有『立祠堂之制』，規定『君子將營宮室，先立祠堂於正寢之東，祠堂制三間或一間』，說明古制對祠堂之重視和限制。

在祀宅合一的民居中，建造時也是以祀為主。它在考慮設計時，先將供祀祖先、天地的場所作為祖堂，位置在整個宅第的最後一進的正中廳堂，稱為後堂，亦稱祖堂。後堂的開間、進深和脊高、檐高都有一定的尺寸規定。甚至神龕、神案、香爐的位置、高度也有所規定，不得隨意更改。

崇天思想在民居建築中還反映在天井進深、堂高、檐高、脊高的尺寸和做法上。祖堂中、祖先、神祇向前仰視觀天，其視線必須高出前堂正脊的高度，在民間營造中稱為『過白』。此外，在民宅營造尺寸中，常要求屋高、檐高等豎向高度符合天父卦，其尺寸數字要用單數、奇數即陽數；而平面佈局中面寬和進深尺寸則要符合地母卦，其數字要用雙數、偶數即陰數。說明數字的奇偶，單雙也成為天地觀念在民居建築中的一種反映。

影響民居建築的還有一種思想即風水觀念。

風水觀，古稱堪輿學，它來源於陰陽五行學說，原是古代陽宅和陰宅在擇位定向中考慮氣候地理環境因素的一門學說。風水觀念，對環境來說，主要講求『覓龍、察砂、觀水、點穴』，這是對陰宅而言。對陽宅來說，也即對民居建築，傳統的風水觀念認為，民

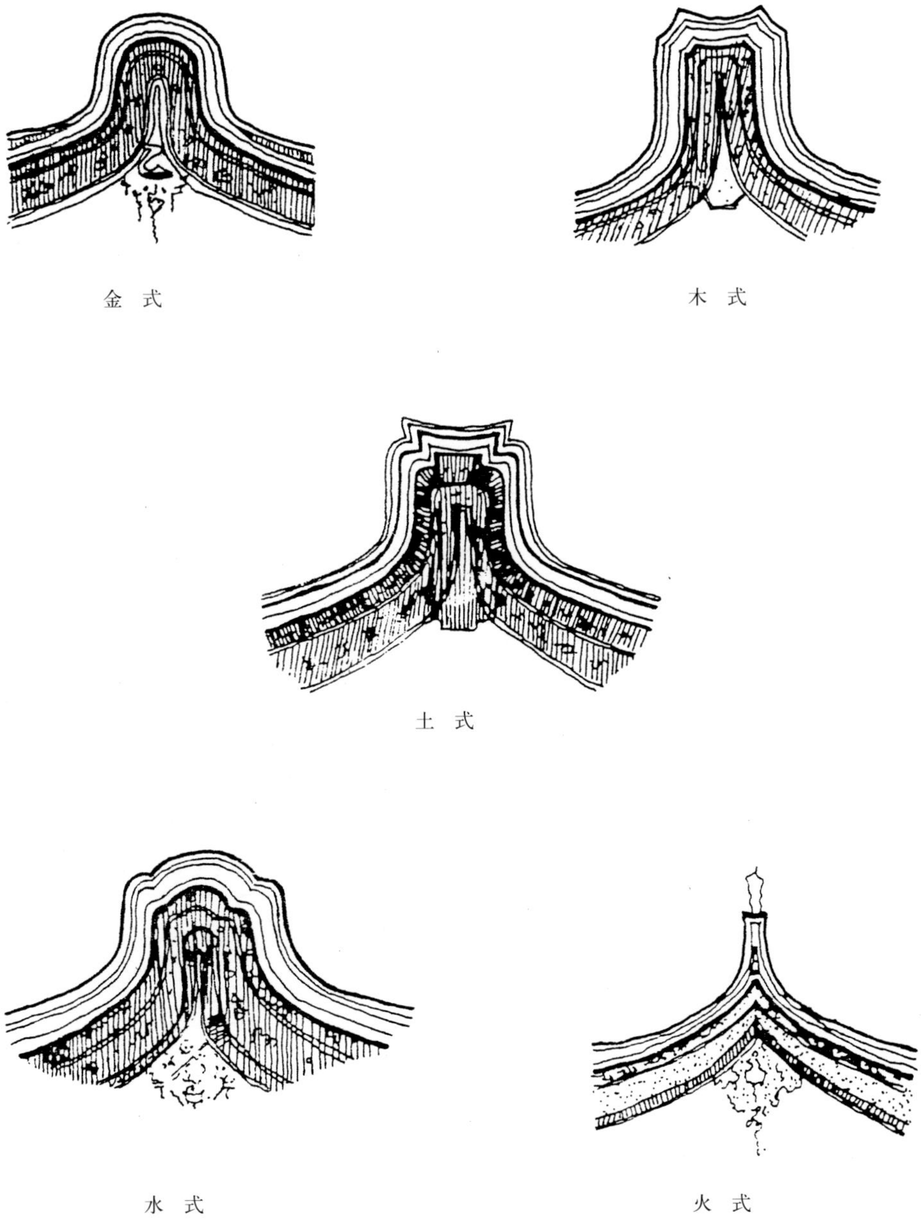

圖一　五行式山牆牆尖

居選址應取山水聚會、藏風得水之地。山是地氣的外來表現，氣的往來取決於水的引導，氣的終始取決於水的限制，氣的聚散則取決於風的緩疾。故平原地帶的宅基重於水的瀛暢，高地以得水為美，而山地丘陵則重於氣脈，其基址以寬廣平整為上。

例如，在農村，對民宅的選址一般已形成一種比較固定的模式，即村前要有流水，村後要有高山，房屋坐北朝南，地形前低後高。從現代觀念來分析，這種佈局原則還是有其科學性的一面。譬如村落面靠流水，這是食水、交通、洗濯的需要。村後高山作屏，可抵禦寒風侵襲。地形前低後高，說明坡地上蓋房子既要求乾燥又要易排水，對居住及人體健康有益。

風水觀中還有一種象徵和壓邪思想，如江南、皖南一帶民宅喜用馬頭牆。所謂馬頭牆，就是在山牆牆頭部位做成台階式蓋頂，在蓋頂之前沿部位，為美觀形象而作成馬頭形狀，稱為馬頭牆（圖版一一二）。據當地老人講，山牆作馬頭形狀，說明該户家族中曾有人中舉，或文官、或武官。武官用馬頭狀，文官則用印章、方形，稱印石牆。實際上，山牆做成馬頭牆或印石牆，是顯示住户家庭中舉、有朝官的一種用建築表現的炫耀方式。而老百姓家祇能用雙坡屋面。

廣東潮州民居的山牆牆頭部份有做成金、水、木、火、土五行方式也是同樣的道理（圖一）。在實際調查中，民居建築通常用兩種山牆：一是曲線形，稱水牆，另一種是金字形，稱金牆。依照五行相生相剋學說，水壓火是五行相剋論說，金生水、水剋火，是五行相生又相剋的論說。其目的和意圖都是為了壓火、防火。古代建築因是木結構營造，最怕火災，建築一旦失火，無法可救，但當時科學水平有限，無法採取有效的防火措施，於是采用壓邪這種祈望吉祥平安的心理手法，從而可見天地觀念對民居建築的深刻影響。

（四）建築特徵

平面佈局特徵

南方漢族民居與北方漢族民居一樣，它的平面佈局都是院落式。但是，南方地區由於氣候濕熱多雨，地理環境多丘陵和多河流，加上人口稠密，土地資源緊張，因而，民宅佔地少，佈局比較密集緊湊。不像北方的院落那麼寬敞。南方民居建築祇能是小院落，我們稱它為天井式民居。

南方民居建築雖屬多進院落式系統，但有它自己的特徵，如：

小天井　南方民居開間窄、進深又淺是因它受到土地緊張和氣候條件的制約。南方氣候炎熱，要求有日照陽光，但又怕太多輻射熱，特別是西曬的強烈陽光。而天井是通風、換氣、採光、排水的地方，是傳統民居中必不可少的元素，又是交通會合之處。因此，採用小天井是很好的處理辦法。

小型民居三開間一座，大型民居則有多座房屋并加以組合。房屋之間圍以院子，即天井，一組房屋一個天井，多組房屋多個天井。天井因位置不同而有大小、深淺、寬窄以及朝向不同之分，但總的特徵還是小天井。

多巷道　民居建築中，單座組成院落、院落組成建築群。建築群的交通主要靠通道來解決，統稱巷道。

民居的巷道有幾種，露天的稱巷，在室內的稱廊。可見到天空的廊稱檐廊、敞廊，見不到天空的稱內廊，也有把內廊稱為巷的，如廣東潮洲民居中的內廊都稱子孫巷，各地名稱不一。

南方民宅平面佈局乃多進院落和輔助用房組成，因土地和氣候關系，建築都緊密相連，故其交通必然依靠廊道，巷道。院落之間有巷道，宅與宅之間也有巷道，稱火巷（圖版二〇六、二一三）多巷道是傳統民居平面佈局的特徵，它不但有交通的功能，而且還具有防火和通風作用。

敞廳堂　廳堂乃民宅中最重要的和必不可少的公共活動場所，又是傳統家族文化的核心，一般位於中軸線上，因功能不同而分為上堂、中堂和下堂。此外，有的宅居中的廳堂還具有交通作用，即在廳堂中央偏後處設屏風或屏門，人們進廳堂通過屏風兩邊到屏後，出廳堂後門，再進入後院。廳堂的兩旁為住房，住房的門口可經廳堂兩側出入，也可在檐廊下出入。

民居廳堂的特徵有三，一是其面積為全宅房間中最大者；二是位於全宅最中心的位置；三是採取開敞的形式。

廳堂前後開間部份都用隔扇組成，採用活動式，可啟可閉。家有重大事情而需集中衆多人口時，較大的廳堂空間可以容納大家在一起。如遇婚喪喜慶人員再多時，則把所有廳堂隔扇全部打開，用天井聯通前後廳堂和兩廂側廳，變成一個大空間。

組合特徵

南方民居除上述特徵外，當進行組合而成為大型民居時，它還具有下列特徵；

類型豐富、組合靈活　傳統民居平面佈局一般都是規整，中軸對稱的。但它於規整的

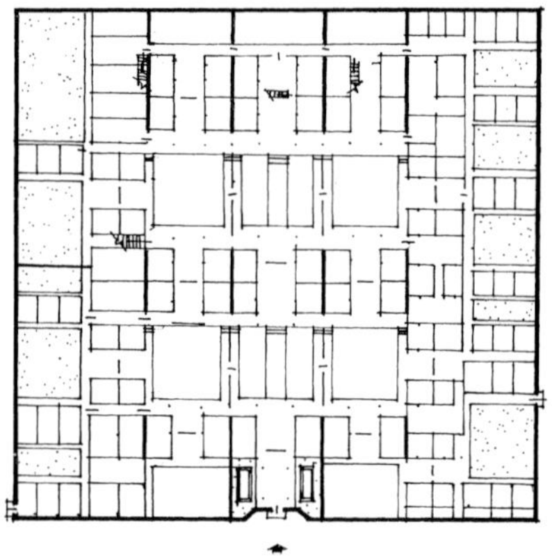

圖二　福建福鼎白琳村洋里大厝

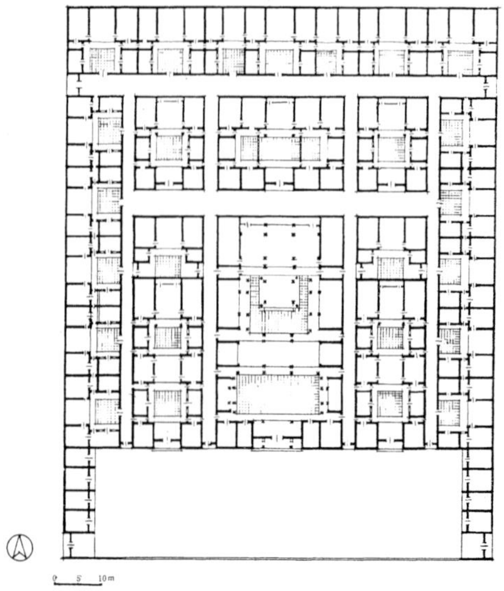

圖三　廣東普寧洪陽新寨

平面中也有不規則的處理手法，在對稱的平面中也有不對稱的處理手法。又如結合地形來說，有傍山民宅、坡地民宅、也有畔水民宅、臨水民宅等，還有的把水引入宅內組成庭園，有山有水，有花有木，建築有高有低，組合就更豐富和靈活了。

外封閉、內開敞　在封建社會下，民宅為了安全，外牆通常做得很高，又堅實、又森嚴，不開窗户或開小窗。但是，南方的天氣炎熱潮濕，人生活在室內又悶又熱，因此，在封閉的圍牆內祇能采取廳房向內開敞的辦法，這是當時民居建築解決廳房納陽、通風、採光的最好方法。

密集方形的平面佈局　南方民宅大多採取密集方式，在東南沿海的城鎮和農村的民宅，其平面除密集外，還組合成接近方形的形式。研究它的原因有三點：一是歷史和傳統習俗因素，民宅要適合大户人口的居住需要；二是沿海城鄉人口稠密，密集方形的平面佈局對節約用地有利；三是南方地區太陽輻射熱強，建築密集可減少陽光對牆面的輻射熱量。同時，方形平面對各個方位抵禦颱風、寒風的侵襲都有利，方形平面的建築體量最具穩定性。

廳堂、天井、廊巷組成的通風體系　根據人體的生理原理，人在室內工作與生活，需要有一個舒適環境，即溫度合適、空氣新鮮。對南方建築來說，既要求有良好的自然通風，把室內多餘的熱量盡快地排出室外，同時，也要隔熱好，不使外界高温熱量傳入室內。

根據降温原理，對於南方氣候來說，防止輻射熱傳入，僅能保持室內温度的穩定，仍然不能達到降温目的。祇有通過室內外空氣對流，加速室內輻射熱的散發，帶走人體皮膚熱，便於人體熱平衡，才能達到室內降温、有利於居住和生活的目的。因此，組織好建築內部的自然通風是南方建築和民宅首要考慮的問題。

南方民居天井多，分佈於宅內前後和左右，同時，巷道也多。天井是進出風的主要部位，巷道除交通作用外，又是空氣即風的流通要道。在民居建築中，天井、廳堂、廊巷就組成了民居的通風網。前天井是進風口，後天井是出風口，中天井既是進風口也是出風口，兼有兩者功能。天井之間的通風主要靠開敞的廳堂聯通。廊巷同樣也具有出風、進風雙重作用。

南方中型民居建築的典型平面佈局通常是三進院落式，兩旁有側屋或從厝，福建沿海和粵東民居都有這種類型（圖二、三）。江南一帶的民宅，其佈局通常是，多進院落式為一組民宅，幾組民宅並列佈置，中間靠巷道（稱為火巷）相隔（圖四）。這兩種佈局方式對通風

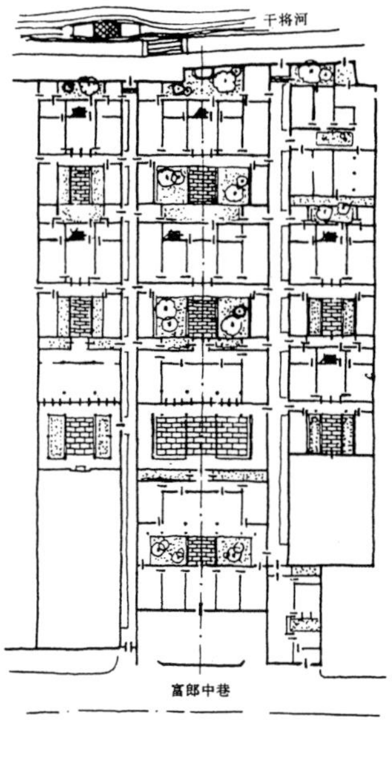

圖四　蘇州富郎中巷陳宅

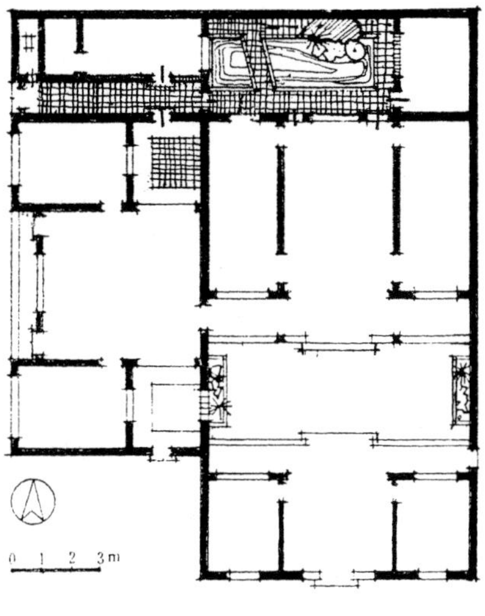

圖五　宅旁書齋

很有利，當正常情況下，風從東南方向通過大門、天井吹到各廳房。當夏季天氣酷熱時，建築處於炎熱和靜風狀態下，這時，天井和屋面熱空氣上升，而處於低温狀態的巷道冷空氣就從廊道、巷道不斷地補充進入廳堂和天井，形成冷熱空氣的對流。因此，不論在有風或無風情況下，這種南方民居平面佈局的通風體系是十分有效的。

類型特徵

南方民居建築類型豐富，它除了提供居住功能外，根據户主的不同需求而產生了各種不同類型的民居。

一般類型民居有小型和大型之分，小型民居是簡單的、也是廣大城鄉最普遍採用的三開間式民居，它衹是供給獨户使用，是民居中最基本的單元。三間民居加上兩廂輔助用房，中間圍起一個小院子，就成為三合院。如果在前面再加上一座三開間建築，就成為四合院。由三合院、四合院延伸、組合就形成多進院落式民宅，把多進院落式民宅通過巷道、廊道相連再組合就形成大型宅第。無論大型、中型民宅都由三合院、四合院進行組合而成，這些民宅的功能衹是為了居住和生活而已。

特殊類型民居，主要是因户主使用功能不同而劃分，有供望族世家、文人士大夫所用，有供商賈人士所用，有為防禦需要而形成的一種民居，還有一種祀宅合一式的民居等。

供世家、文人、士大夫所用的民居建築　通常又分為三種類型：一是宅旁設書齋，也有書齋單獨設立者，自成一種類型，稱為獨立式書齋（圖五、六）。它的平面特徵是，以三間或多間民居為主體，將廳堂向前延伸為長廳，長廳突出部份左右兩旁各設一個小天井，天井內種植纖細、挺秀的竹木或堆置少量奇石異草，使主人書齋左右都有庭院綠化，加上長廳兩邊都開了較大的窗户，因而，這種書齋面積雖小，環境卻清靜幽雅。

二是宅旁設園林，園林獨立設置，自成一種類型，這種類型以江南、嶺南地區較多見。它的佈局特徵是，在園內不設宅居，而以觀賞為主。宅園毗鄰，有門相通。園林平面設計中，以廳館為中心，四周輔以山石、池水、花木、草卉，並用廊、牆、橋或山或水等作為間隔，劃分成各個景區，並採用組景、對景、借景等手法組成園內豐富的景色（圖版四）。

三是住宅與書齋、庭園組合在一起。這種類型的主人通常是士大夫、文人或書香子弟，由於宅地面積小，而户主又希望宅居同時具有住家、庭園、書齋三者功能，於是產生了這種三結合式的民居建築。它的平面佈局特徵為，以住宅為主，書齋、庭園為輔，宅內

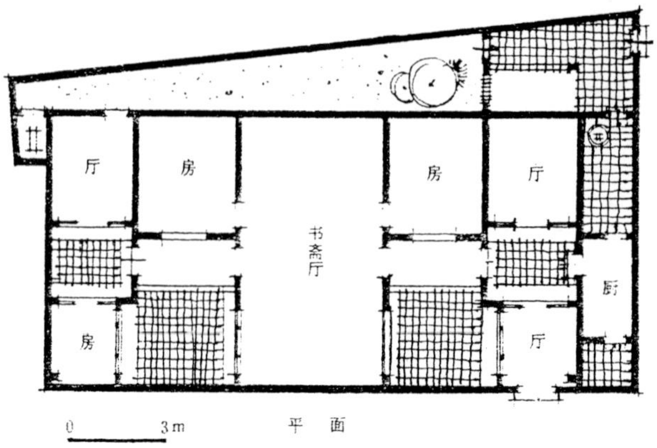

圖六　獨立式書齋

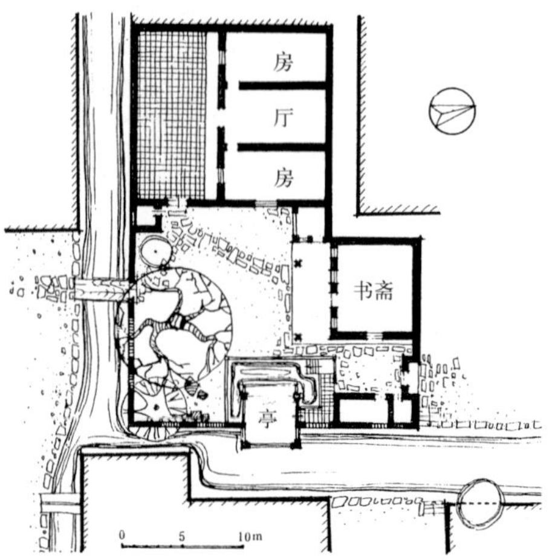

圖七　廣東揭陽太和巷蔡宅

具有一個寧靜的環境，大型者如江蘇吳江縣同里鎮退思園（圖版一四至一九），小型者如廣東揭陽太和巷蔡宅較為典型（圖七）。

供商賈人士使用的宅居　這種住宅在城鎮中較多見，它佈置比較豪華，因為户主有優厚的經濟條件。這種類型的民居，往往設計靈活，不拘泥於傳統的做法和形制，而是根據户主的需求而加以變化，有的增加樓層，有的強調裝飾手段等，如安徽一些鹽商在皖南所建的宅居就是明顯的例子（圖版一一二）。在墟鎮，商人使用的宅居更多見，一般都在街巷的兩邊。他們先建起了店鋪，沿街營業，店鋪後面作為住家。後來，地價昂貴，店鋪改為樓房，這樣，樓下開鋪子，樓上做住家。這種前鋪後宅、下鋪上宅的做法逐步為城鎮所吸取，而演變成今天的馬路和商店，在南方的一些城鎮就形成為騎樓（圖八、九）。

防禦式民居　以客家圍屋為代表，它包括了廣東梅州的圍龍（圖一〇）、福建西南地區的土樓（圖一一、一二、圖版一八九、一九二）和江西南部山區的客家圍子（圖一三）。防禦式民居在廣東沿海一帶還有一種叫寨的宅居形式，有圓形、方形、八角形、橢圓形等，這些類型宅居在明末已經形成，它的作用是用來防禦當時東南沿海倭寇的入侵和騷擾。

防禦式民居最大的特徵：一是聚居，二是防禦。其外形特徵是，有高大的深厚的圍牆，單獨的大門出入口，一般在南向。也有的增加西向小出入口，據調查是供靈柩出圍之用。圍樓一、二層不設窗户，三、四層開八字形平面小窗，供瞭望用。

祠堂安置在圍樓之內，獨立設置，圍樓設計時仍然以祠堂為中心，各住家建築環祠而建。廣東梅州客家圍龍屋則採用祠宅合一的建造方式，三進院落式宅居的後堂作祖堂、祠堂、整座建築群仍然以祠、祖堂為中心。

圍內住户按輩分平均分配使用面積，一般在二樓以上，雜物牲畜間也一樣平均分配，位於底層。頂層內圍每户都設柱廊，用木板相隔，如遇外界侵犯時，則把廊子間隔木板打通，變成跑馬廊形式，把全圍各户貫通相連，有利於保衛和防禦。

祀宅合一的民居　在閩南粵東的一些大中型宅第中都採用這種形式，一般在城鎮中較多見。它的特徵是：三進的院落式宅居，將後堂作為祭祖先、祭天地的場所。府中喜慶大事在大廳即中堂舉行，而祀祖、祀天地以及喪事則在後堂即祖堂進行。在廣東潮州宅居中，甚至在後堂安置神龕一座，把歷代祖先的神主牌位按輩份置放在龕內，實屬罕見。

當然，除了上述類型民居外，還有根據不同地形而形成的水鄉民居、坡地民居等，其主要特徵是，前者是以水為主，當民居建造時，或傍水、或臨水、或跨水、或引水入宅。後者是建築結合地形，因地制宜，其做法有『臺』、『挑』、『吊』、『拖』、『坡』、『梭』

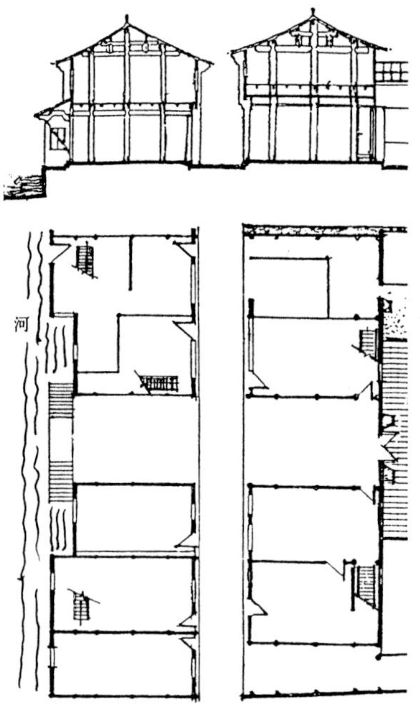

圖八　蘇州地區前街後河商鋪騎樓

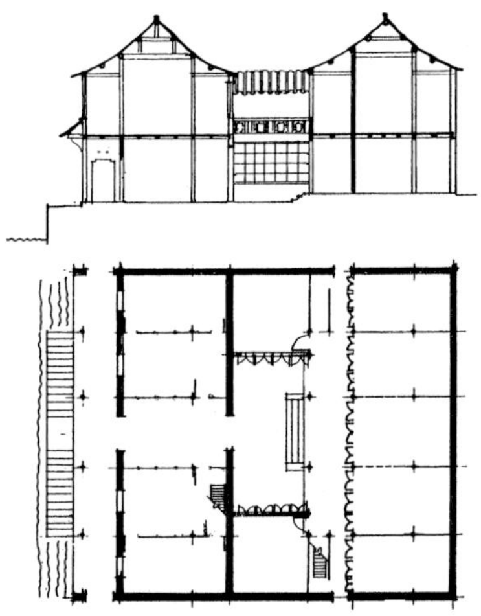

圖九　蘇州地區下店下宅沿河式民居

等，在四川省這種類型民居較有代表性（圖版一四五）。

結構特徵

南方民居建築都採用木材作為結構骨架，形成了木結構構架體系。它有兩種構架方式，一種是擡樑式木構架，另一種是穿斗式木構架。前者在民宅中較普遍使用，是民居建築的主體構架體系，後者適用於沿海颱風地區和地震地區。

擡樑式木構架的優點是，由於樑柱承重的關係，柱與柱和構架與構架之間有寬闊的空間，方便使用。特別是廳堂作為衆多人員聚會、議事或宴客的場所更是需要。

穿斗式木構架的優點是，柱密，木材斷面小，屋架的重量可以由多柱承重而直接傳遞到地面上。柱之間用橫木相串，整個構架上下左右連成一個整體，對抗風抗震有利，東南沿海地區和四川地區的宅居都有採用。

有的地區的宅居，在一座宅屋中同時採用擡樑式和穿斗式木構架。廳堂用擡樑式構架，兩側山牆用穿斗式構架，並用牆體圍護之。它的優點是，廳堂乃公共場所，使用時要求空間大，用擡樑式構架比較合適，而穿斗式構架用於山牆部位，既抗風、抗震又不影響使用。

民居建築也有用石頭建造的，主要用於牆體和飾面，在福建惠安、莆田一帶較多見，主要原因是當地盛產石材，故用之。惠安地區使用石材時，可以做到石礎、石柱、石牆、石樑、石樓板以及各種石雕，充分説明當地匠人用石技藝之高超。

民居中還有用砂土建造的，它祇用於牆體，其餘屋面部份仍用木構架，如有樓房時仍有木桁、木板、木梯。砂土牆的材料主要成份為石灰、砂和泥土，按一定比例加水夯築而成。沿海地區則以貝灰來代替石灰，目的是可以防止海風酸性腐蝕。這些三砂土牆體，歷經數百年而仍能保存至今，説明其牆體密實、高強度，有人用鐵釘打牆仍打不進去。

形象特徵

傳統民居，由於採用多進院落式，其平面佈局是向縱深發展。而從外表看，祇見高大封閉的圍牆，漆黑、森嚴的大門，其外形雖然是簡樸，但感覺是深沉的。

實際上，我們觀察民居形象不能僅限於簡單的外表，即單座建築和圍牆。民居建築是由組、群、街、巷甚至村、圍、墟、鎮整個建築群組成的。民居是一個建築群體，這是中國傳統建築的特徵所形成的，祇有從民居整個建築組群中觀察，纔能了解它的藝術形象特徵。

傳統民居建築使用的是地方材料和一般的結構方式，因而，多數建築是單層平房，在

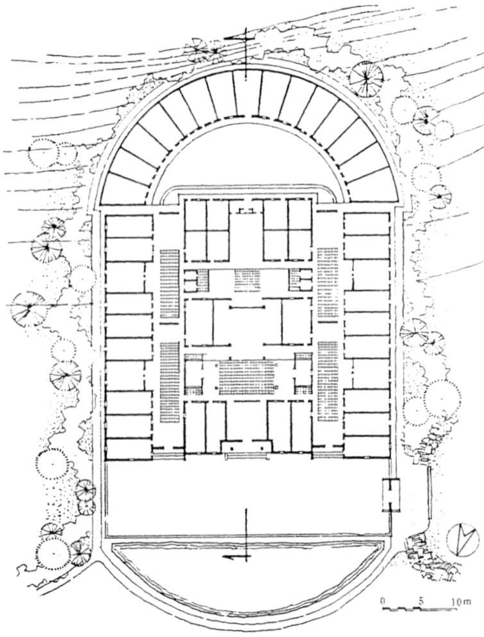

圖一〇　廣東客家圍龍屋

城鎮和園林中則有樓房。當人們觀察民居建築的藝術形象時，應該從整體出發，先觀察門廳建築形象、圍牆和周圍環境，然後進入大門，跨過各個院落天井，統觀全部廳房建築、空間直至結構、細部、裝飾、裝修，最後加以綜合、分析、評論，這時所得到的建築形象藝術特徵才能是比較真實的。

綜合南方民居建築形象，其藝術特徵可以歸納為下列幾點：

中軸對稱，主次分明　傳統民居一般為三開間，也有五開間的大、中型民宅。其佈局為大門居中，兩旁為側巷、側門，再旁為側座即側屋，或稱從屋、從厝，它們組成了一般中型民宅的典型立面形象。從外表看，中軸對稱和主次分明的藝術形象特徵是非常明顯的。

體型不大，外形簡樸，和諧　民居建築的體型是下有臺基、中有牆體，上有屋面，一般為單層，故其體型不大。在城鎮中有兩層樓房，其體型仍然不大，但外形簡樸。在水鄉，如紹興的民宅，它結合小河、小橋而形成的一些沿河民家、橋畔民宅（圖版五〇至五二），採取了不對稱的手法，其建築形象十分優美，與周圍環境配合十分和諧協調。在結合地形中，如浙江山區、四川山區民居（圖版一六〇）都有一些建築形象優美的實例。

重點部位裝飾裝修　傳統民居受經濟條件限制，大多就地取材選用當地常見的材料，如土、木、竹、石、磚、瓦等，它形成民居的外貌很簡樸。封建社會形制規定，庶人不得用彩繪，因而，民間宅居外貌大多是白牆、灰瓦，黑漆大門。富有者的外牆則用青磚砌築，楹柱用赭色，局部可施以彩繪。

一些世家大户為了顯示其財富與地位，常採用下列手法：一方面採用加大建築體型的方法，如加大前廳規模、加高大門和門檻等手法，另方面則在宅內廳堂、或屋脊、山牆面等這些易被人眼見到的部位進行裝飾處理，以顯示其地位與家族的財富。

傳統民居裝飾的目的和特徵，一是誇耀其財富與地位，二是採用器物、花鳥、動植物等題材，用象徵、寓意、祈望等手法，用於建築重點部位進行裝飾裝修，其目的就是使宅居平安，興旺和吉祥。

三、南方漢族民居的建築藝術表現

民居建築的藝術表現主要反映在群體佈局、單體建築形象、空間組合、細部處理和裝

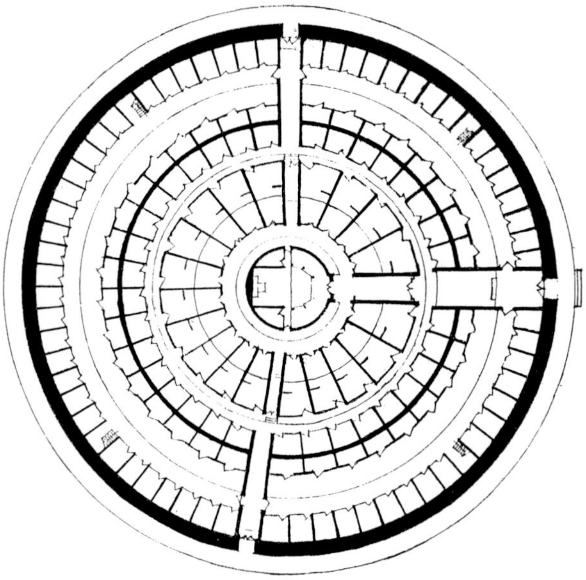

圖一一　福建客家圓形土樓

飾裝修等方面。

（一）群體佈局

中國傳統民居佈局的特點不是單座而建，而是幾座合成一院，幾院合成一宅，宅合成巷、街、村，再合而形成鎮、城。民居建築的形象表現不是一座建築所能反映，而要通過一個院落、一條巷、一條街、甚至一個村落，一個墟鎮直至一個城鎮整個建築群體才能反映的。

南方平原地區城鎮中，因人口密集，民居建築大多集中佈局，相互毗鄰，排列整齊，四週街巷圍繞，表現出嚴整、封閉的特點（圖版六九、八四）。農村中的民居考慮到便利生產，又要節約農田和方便交通，常在沿路和坡地分散建造，建築有良好的朝向，並表現出一定的規則性（圖版一三八、一四三、一五九）。

在山區或丘陵地帶，民居建築常沿等高線佈置，有沿山腰、也有在山腳。它的特點是自由靈活，高低錯落，與自然環境協調（圖版一六〇）。在客家山區建造的防禦用圍樓，有單座建造，也有多座建造，有圓形，也有方形，還有兩個方形土樓交錯連接的反映在群體外貌上體型巨大、穩重，氣勢豪放、粗獷（圖版一九一、一九三、一九八）。

河湖地帶的民居建築則充分利用水面，或沿河佈置，或臨靠水面。特別在江南地區，民宅臨街背水，建築與道路、河流走向相適應，創造了方便生活的優美環境，充分反映了江南水鄉特色（圖版二二至二五、四九至五二）。

在炎熱多雨的粵中地區村落，民居建築密集排列像梳子一樣，規則而整齊，稱為梳式佈局。它前面常設魚塘，後面種植竹林，禾埕旁又栽植了一、二棵大榕樹，它與周圍稻田結合，反映出村落民居建築的簡樸、自然和一派農家田野風光（圖版一九八）。

（二）單體建築形象

單體傳統民居一般都是單層建築，三開間，坡屋頂、白牆灰瓦，其形象比較簡樸，在農村和城郊中居多。也有民居建築為二層者，大多在城鎮人口密集的街巷，其形象也是比較簡樸。但有的民宅在大門、門窗或山牆，墀頭部位偶然作一點裝飾處理，表示美化。在

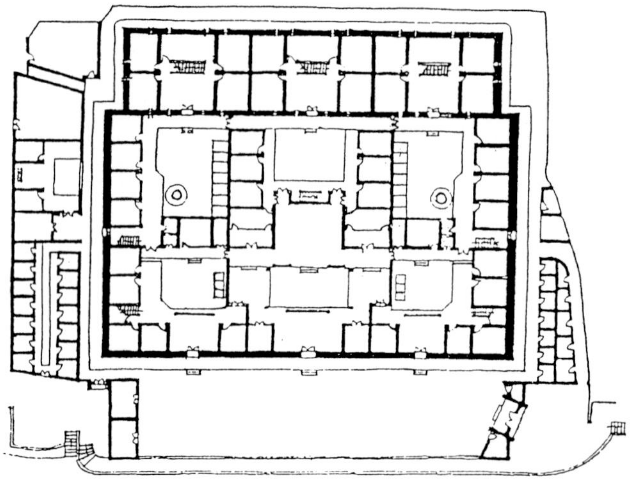

圖一二　福建客家方形土樓

山區和坡地的一些單體民居建築，因結合地形，佈局比較自由靈活，其外形簡樸中帶有輕巧。

在民居單體建築形象中，最顯眼的部位是屋頂。一般做法是，規整的方形平面砌牆後，上面加兩坡屋頂。為防止風雨侵襲，常在山牆處加披檐。也有將山牆高出屋面做成封火山牆，既防火，又豐富單體建築形象（圖版二〇六）。還有將屋面延長，做成前後廊檐，在檐下形成大片陰影，既防曬防雨，又增加空間深度，兼有實用和美觀雙重效果（圖版一五九）。

二層或三層以上的坡頂民居，有的每層都設廊或向外出挑，有的則利用體型組合和挑檐，形式多樣（圖版一八、一三四）。

四川山區和坡地地帶的民居則順坡而建，或建築順著地勢層層擡起，屋面也做成層層升起的形式，富有韻律感。

（三）空間組合

民居建築空間分為外部空間和內部空間兩部份，外部空間指環境而言。

民居的藝術魅力有時不是單純依靠民居建築本身的表現來達到，通常還要依靠民居建築所在的週圍環境來表達。山腰茅屋因挺拔高山才顯得其清秀、寧靜；河畔宅居因潺潺流水才顯得其瀟灑自在；坡地民居因建築結合地形才顯得靈巧、穩定。

民居的內部空間藝術主要表現在兩方面：一是庭院天井室外空間，二是廳房內部室內空間。

庭院天井

南方民居庭院較小，稱為天井。也有稍大的庭院。通常闢為園林與書齋。

小型天井或庭院一般不栽樹，因樹大、幹粗、葉密，遮擋陽光且不通風，為此，有時栽種一、二株單株細木或栽竹，也有置盆景者，總的來說以綠化為主。有側院或後院者也採用這種方式。

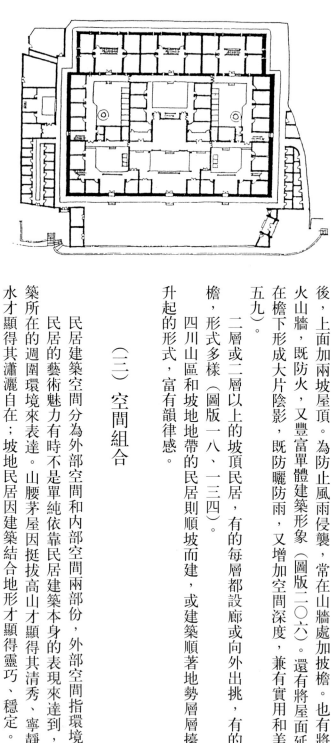

中型庭院可植樹一株，并輔以假山或綠化，它與建築檐廊相連接，形成寧靜，安逸的氣氛。

大型庭院可置假山、池水、花木，再建樓閣、或亭台、或舫榭，它與宅居相連，組成一組比較完整的住宅園林。園林中，引進大自然山水景色，劃分大小不同的景區，再運用

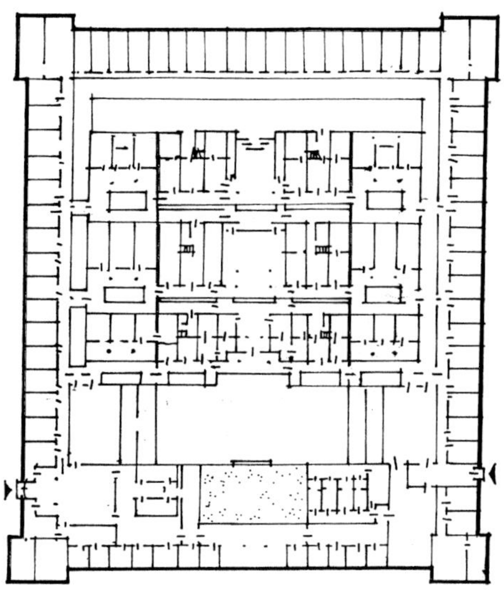

圖一三　江西客家關西新圍

對景、借景手法，這樣，就可以在有限的空間內，獲得可居、可遊、可行、可望的無限的藝術享受。

廳堂內部空間

一是門窗、隔扇，這是廳堂直接面向庭院天井的部位。隔扇的花紋圖案非常豐富，在民居中是最富於藝術表現的部位之一。

在大型民居建築中，門窗隔扇的欞格常用木條拼成方格紋、井字紋、回紋、藤紋和錦紋，也有雕人物花鳥者（圖版三〇、七五、一一六、一三五）。有的在檻窗下半部另加罩格，作遮擋視線用。它通過大面積的圖案、紋樣和通透光影的對比來取得裝飾裝修藝術效果。在小型民居建築中，往往採用窗下突出寬窗台，窗上加楣檐，臨水突出窗柵，或在樓層挑出欄杆等手法，來增強建築外觀上的凹凸變化和虛實對比，既符合使用要求，又增加藝術氣氛。

二是在廳堂和房間內部為了分隔空間，通常採用屏、罩、隔斷等木製構件，其雕刻技術與圖案之精美，是很有特色的（圖版二〇九）。

三是廳堂或廊檐的樑架及其附屬構件如柁墩、樑頭等，在不影響其結構性能下施以雕琢，豐富了空間藝術效果，也增加了美化作用（圖版五五、九二）。在做法上，一般是在木質樑、枋、童柱或柁墩上雕出各種飛鳥，花卉、捲草、雲朵等紋樣，或雕成瓜果式樣，在江西、廣東、福建等地這種雕刻做得非常精緻，并用金色油漆塗飾（圖版一三四、一七〇）。也有在整個樑架上進行雕飾處理者，在廣東潮州民居中比較多見，如潮州某宅拜亭木構架（圖十四）就是一例，其雕飾比較豐富，但結構性能有削弱之憂。

四是匾額、楹聯，這是廳堂空間中不可缺少的內容。我國古代中原的世家貴族，南遷後仍然保持著家族的歷史流傳，其文學記載用族譜，其建築物則用堂號來表達，一般都把堂號名稱寫在匾額上懸掛在廳堂正中或門楣上（圖版一一、五四、九二）。此外，也有在廳堂明間金柱上掛上對聯，稱為楹聯。此外，在園林中的館、軒、樓、閣內也大多設置有匾額、楹聯，不但增加了園林的文化氣息和詩意，同時，也豐富了園林空間的藝術特色。

五是家具、陳設，它是廳堂和住房中必不可少的用具，也是豐富室內空間的重要手段。例如，廳堂中，為了接待賓客而設置了桌、椅、案、几；為了祭祀神而設置了神案、神龕；夜晚為了照明而設置了吊燈、燈籠。在住房中則設置了供生活使用的木床、木櫥、木櫃和桌椅。這些用具，不但具有實用價值，而且雕鐫精緻，富有藝術和民族特色（圖版一三、一二一、一二八、一〇七）。

圖十四　廣東潮州民居拜亭樑架

（四）細部處理

細部處理在民居建築的藝術表現中佔有重要的地位。其目的主要是為了強化建築整體或局部的藝術效果。它一般都在實用部位上採用之，特別是人眼可以直接看到，人手可以直接摸到的地方更是細部處理的重要著眼點。南方民居建築較多表現的部位一般都在大門、牆面、地面、房屋的樑架、柱枋、樓梯、柱礎、欄杆、臺階等。

民居建築的大門，歷來是戶主顯示其社會與經濟地位的標誌，因而，許多地區都對大門的式樣、用料、工藝、裝飾、色彩精心經營，以達到突出門第的作用。

江南地區一些富裕大戶或文人、士大夫宅第常用牌樓作為大門，門楣上加以題詞，門檐做成挑檐式，並用青磚砌築和精緻刻磚雕飾，以顯示其高貴與文雅（圖版一）。皖南地區一些古老村落，有的用牌坊作為進村的大門，如安徽歙縣棠樾古村，入村前先看見牌坊群就是一例（圖版八〇、八一）。有的地區一些民居大門做成凹入形，稱凹斗門，既防雨、又避曬（圖版二一六）。粵中地區城鎮民居則採用一種名叫『躺櫳』形式的木製門，它是在黑漆雙扇大門外，加上用木橫條組成的一種柵門。當大門敞開時，關閉躺櫳門，目的是通風，又防盜。有的在外面還裝上半截四扇裝木製通風柵門，更可達到通風和遮擋視線的效果。這種柵門木質堅固，圖案優美，寓藝術與實用於一體。

民居建築中，除大門外，還有二門，這是封建制度下區別內外的標誌，在富裕大戶中對此要求比較講究和嚴格（圖版三、一〇六）。此外，還有一種洞門，多數在庭園、園林中採用之，作為一種側門，其手法比較輕巧、自由，外形可做成月形、圓形、瓶形、壺形等（圖版四八）。

牆面處理也是民居建築細部藝術處理的重要手法之一，它是依靠所用材料本身的質感來取得對比效果的。例如江南和川東地區用栗色木柱和龍骨劃分白色粉刷牆面取得素雅的效果（圖版一五一）。在閩南泉州一帶，則用塊石和紅磚插花砌築，或在紅磚牆上鑲嵌石刻花邊和深淺色磚砌圖案以取得質感對比的藝術效果（圖版一八三）。廣東潮州地區民居建築，將山牆高出屋面，在牆尖下垂帶部位做成層層跌落的線條，以變化的輪廓線來取得裝飾性藝術效果（圖一五）。

福建泉州楊阿苗宅中的小院牆面上，有圓形磚雕一幅（圖版一八七），在壁面上部又有磚雕楣檐一幅（圖版一八六），圖案優美，雕技精湛。

民居建築中，院落地面和房屋檐廊地面，常用磚、瓦、石材鋪砌，有的還在石材上施

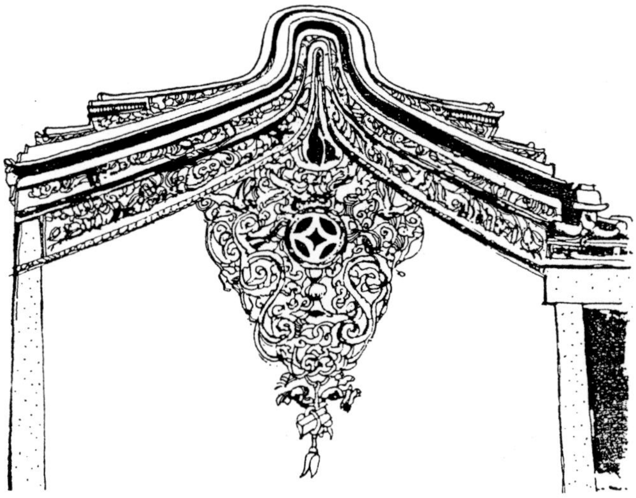

圖一五　某地民居山牆楚花裝飾

以雕刻，有的用卵石拼砌出各種圖案，起到美化作用。特別在庭園，齋軒等建築中較多採用（圖版四）。

柱礎有承重和防潮、防水作用，也是裝飾部位之一，它常做成鼓形、瓜形、筒形、瓶形、斗形、八角形等（圖版一三〇、一三一、二一一、二一二）。有做成單層者，也有做成雙層的（圖版一六七）。在柱礎的表面上通常進行雕刻，有雕花卉鳥獸者，也有雕幾何圖案者，其工藝和題材，都有明顯的地方色彩。

欄杆有木製、石造兩種。木製欄杆較多用於室內，如廊下、樓梯、二樓柱廊，或樓層懸空週圍部位如樓井等，一般位於室內，可避日曬雨淋。其處理原則是實用為主，并與藝術相結合。欄杆的實用就是安全，其藝術處理是不要違背木材的結構性能，而應崇尚樸實和線條為主，適當加以浮雕或淺雕裝飾。

石造欄杆主要用於室外臨水部位。由於民居建築內部水面空間不會太大，有跨水之橋，其體量也不會太大，因此，石造欄杆宜矮、宜小和堅實穩重，甚至有的園林中臨水欄杆可用條石做成，人在過橋中還可以在石造欄杆上休憩，遙望池水彼岸景色，也是一種藝術享受。

臺階、臺基位於地面上，有防水防潮作用。它雖在低處，但當人們走過時，常怕摔倒而特別注意。因此，在臺階、臺基上一般不作細部處理，還它自然面貌。如需處理，也是簡化，略作線條加工而已。

（五）裝飾裝修

裝飾是附加在構件上的一種藝術處理，如屋面上的脊飾、大門裝飾、外檐裝飾、山牆牆面裝飾，室內樑架裝飾等，它們也一定有實用價值，也不影響建築物的使用和結構，目的是為了美化建築物，在封建社會中它還是顯示户主地位和財富的標誌。

裝修也稱小木作，主要指室內佈置和陳設，它包括門窗、隔斷、屏罩、陳設和家具等，有實用價值，也有欣賞價值。

裝飾是建築藝術表現的重要手段之一，其特徵在於充分利用材料的質感和工藝特點來進行藝術加工，以達到建築性格和美感的協調和統一。

裝飾的工藝特徵則是充分運用刀、錘、鑿、斧、鑽、鋸等工具，直接在材料上進行構圖和藝術加工，根據不同的材料採取不同的加工方式，從而，形成不同門類裝飾的藝術表現和風格。

裝飾還有一個明顯的特徵就是意匠特徵。它的藝術表現是充分運用我國傳統的象徵、寓意和祈望手法，將民族的哲理、倫理思想和審美意識結合起來。這種象徵性手法在民居裝飾中較多採用，通常是用形聲或形意的方式來表達。形聲是利用諧音，通過藉假某些實物形象來獲得象徵效果。如用蓮、魚表示連年有餘，蝙蝠、梅花鹿、仙桃表示福、祿、壽（圖版一二三）等。形意則是利用直觀的形表示非本身意義的內容，如松鶴表示長壽、牡丹表示高貴、蓮花表示潔淨、梅竹表示清高亮節。也有將形聲和形意合在一起使用的，如在寶瓶上加如意頭寓意為平安如意。這些圖案花紋大多反映了人們的吉祥願望，是一種具有民族特色的文化傳統和美學觀念的體現。

在民居中，裝飾手法非常豐富，一般來說，它貫徹了三個原則：一是實用與藝術相結合；二是結構與審美相結合；三是綜合運用其他藝術品類如繪畫、雕刻、書法以及匾額、楹聯等民族文化藝術的特長。這樣，就增加了裝飾藝術的民族特色和它的特殊感染力。

此外，裝飾裝修藝術表現手法上還有下列特點，即構圖形象上的豐富和統一，題材內容上的多樣化，既可用歷史人物，也可用動物，植物和花草，不拘一格。在色彩處理上，以典雅樸實為主，重點部位則稍加突出。

民居裝飾在部位安排上分為室外和室內，室外以大門、屋脊、山牆和照壁為主，室內包括門窗、隔扇、樑架等。以類別來說，分為雕和塑兩大類，包括木雕、磚雕、石雕、灰塑、陶塑、泥塑，粵東沿海一帶還喜歡用嵌瓷裝飾，它對防海風侵襲很有效果。

綜合上述南方漢族民居建築的主要內容和藝術表現手法來看，它的總特徵可以歸納為下列幾點：

一、佈局上的規整性、類型上的豐富性和組合上的靈活多樣性；

二、民居在適應氣候、地理、地貌、材料、結構等自然條件下因地制宜、就地取材、因材致用的做法是非常突出的。這是因為，民居來自人民，設計者是人民，施工者是人民，使用者也是人民，三位一體。我國封建社會下大部份是農民和城市庶民，户主的經濟和民居的功能使用要求決定民居建築一定要走因地制宜的道路。

三、外形樸實、群體和諧、裝飾裝修豐富。

我國封建社會在『藏而不露』思想支配下，民居外形是樸實的。民居的藝術表現難於在單體建築中表達，而祇有在群體中才能得到體現。古代『中和』思想在民居建築中也深受影響，例如平面佈局中的中軸對稱，地形處理中的前低後高、前水後山、左右環抱，在形象造型中的大小對比、穩定平衡等，都明顯地表現出『和諧』的特點。由於民居使用者的經濟和地位的不同，文化素質的差異以及居住在城鄉地域不同等因素，建築的等級制度除了規模、體型、開間等標誌外，很大程度是用裝飾裝修和細部來表達的。我國匠人高超熟練的工藝技巧水平給建築裝飾裝修表現提供了可能。民居裝飾裝修的品類齊全，構思獨特，題材廣泛，手法多樣，它為民居建築藝術表現增加了無限的光輝和特色。

參考書

《史記》，（漢）司馬遷撰，中華書局，一九八二年十一月第二版

《中國史稿》，中國史稿編寫組，人民出版社，一九八三年

《中國移民史》，葛劍雄、吳松弟、曹樹基，福建人民出版社，一九九七年

《方言與中國文化》，周振鶴、游汝傑，上海人民出版社，一九八六年

《中國美術全集・建築藝術編・民居建築》，陸元鼎、楊穀生，中國建築工業出版社，一九八八年

《中國民居裝飾裝修藝術》，陸元鼎、陸琦，上海科學技術出版社，一九九二年

《浙江民居》，中國建築技術發展中心建築歷史研究所，中國建築工業出版社，一九八四年

《廣東民居》，陸元鼎、魏彥鈞，中國建築工業出版社，一九九〇年

《蘇州民居》，徐民蘇等，中國建築工業出版社，一九九一年

《閩粵民宅》，黃為雋等，天津科學技術出版社，一九九二年

《福建傳統民居》，本書編委會，鷺江出版社，一九九四年

《中國傳統民居建築》，汪之力、張祖剛主編，山東科學技術出版社，一九九四年三月

《中國古史的傳說時代》，徐旭生，文物出版社，一九八五年

《民族史學理論問題研究》，陳育寧，云南人民出版社，一九九四年

《晉永嘉喪亂後之民族遷徙》，譚其驤，《燕京學報》第十五期，一九三四年六月；收入《長水集》上册，人民出版社，一九八七年

《客家文化》，張衛青，新華出版社，一九九一年

《中國文化地理》，陳正祥，三聯書局，一九八三年

《中國移民史》第四卷，吳松弟，福建人民出版社，一九九七年

《建炎以來系年要錄》卷二〇，李心傳，宋建炎三年

圖版

一　江蘇蘇州網師園宅居大門門檐雕飾

二　網師園宅居大門門檐磚雕細部

三　網師園内院門樓雕飾

四　江蘇蘇州拙政園宅園

五　江蘇蘇州某宅鋪地

六　江蘇吳縣東山雕花大樓前廳及檐廊

聿脩厥

七　雕花大樓内院門樓

八　雕花大樓二樓檐廊裝修

九　江蘇吳縣東山楊灣明善堂門樓及院牆雕飾

一一　明善堂内景

一二　明善堂問梅館

一〇　明善堂門樓磚雕細部

一三　明善堂問梅館陳設

一四　江蘇吳江縣同里鎮退思園住宅前廳

一五　退思園住宅後廳（後頁）

古鎮名園

退思草堂

一七　退思園檐廊及庭園

一六　退思園内院（前頁）

一八　退思園二樓走廊及内院

一九　退思園宅居小姐樓

二〇　江蘇吴江縣同里鎮嘉蔭堂大門

二一　嘉蔭堂室内陳設

二二　江蘇吳江縣同里鎮水鄉民居

二三　同里鎮水鄉民居

二四　同里鎮水鄉民居

二五　同里鎮水鄉民居

二六　江蘇常熟彩衣堂大門

二七　彩衣堂正廳

二八　彩衣堂正廳室内　（後頁）

綵衣堂
振家聲還是讀書
富貴長春
繼世澤莫如為善

書樓閣

三〇　江蘇常熟曾樸故居廳堂隔扇
二九　彩衣堂書齋　（前頁）

三一　江蘇昆山周莊沈宅松茂堂前院

三二　沈宅松茂堂大廳

三三　江蘇昆山周莊張宅玉燕堂大廳

三四　江蘇昆山周莊水鄉民居

三五　周莊水鄉民居

三六　周莊水鄉民居

三七　江蘇水鄉民居

三八　江蘇水鄉民居

三九　江蘇水鄉民居

四〇　浙江紹興三味書屋入口

四一　三味書屋内院

四二　浙江紹興魯迅祖居前廳

四三　鲁迅祖居庭院

四四　浙江紹興周恩來祖居大廳與庭院

四五　周恩來祖居前廳望院落

四六　浙江紹興徐渭故居書齋

四七　徐渭故居内院

四八　徐渭故居圓洞門

四九　浙江紹興柯橋鎮沿河民居

五〇　柯橋鎮水鄉民居

五一　浙江紹興水鄉民居

五二　紹興水鄉民居

五三　浙江東陽盧宅肅雍堂外貌

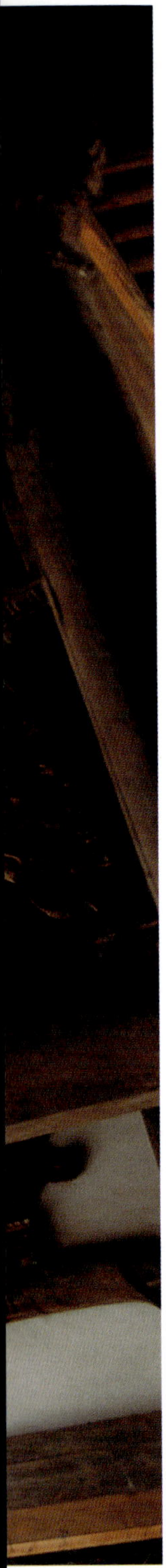

五四　盧宅肅雍堂大廳

五五　盧宅廳堂樑架

五六　盧宅檐廊樑架

五七　盧宅後廳檐廊

五九　浙江東陽横店瑞藹堂廂房
五八　盧宅大夫第門樓（前頁）

六〇　瑞藹堂檐牆雕飾

六一　浙江義烏培德堂外貌

六二　培德堂檐廊雕飾

六三　浙江義烏黄山鄉八面廳外檐雕飾

六四　八面廳柱礎

六五　浙江蘭溪芝堰村全貌

六六　芝堰村民居

六七　浙江蘭溪諸葛村大公堂外貌

六八　諸葛村民居

六九　浙江蘭溪上吳方村民居

七〇　安徽屯溪老街

七一　安徽屯溪下鋪上宅民居

七二　安徽屯溪潜口曹宅内院

七三　安徽屯溪潜口方文泰宅入口

七四　方文泰宅天井

七五　方文泰宅檻窗

七六　安徽歙縣斗山街某宅入口

七七　斗山街某宅内院

七八　斗山街某宅廳堂

七九　斗山街某宅後花園

八〇　安徽歙縣棠樾村村落入口

八一　棠樾村牌坊

八二　棠樾村鮑宅廳堂

八三　棠樾村鲍宅廳堂外檐裝修

八四　安徽歙縣三陽鄉全貌

八五　安徽歙縣某村街巷

八六　安徽歙縣某村民宅

八七　安徽歙縣呈坎鄉全貌（後頁）

八八　呈坎鄉某宅二樓檻窗

八九　呈坎羅氏宗祠前廳

九〇　羅氏宗祠廂房

九一　羅氏宗祠大廳月臺欄杆雕飾

九二　羅氏宗祠寶綸閣

九三　羅氏宗祠寶綸閣樑架

九四　羅氏宗祠寶綸閣樑架細部

九五　羅氏宗祠寶綸閣欄杆雕飾

九六　安徽黟縣關麓村民居群

九七　關麓村某宅大門

九八　安徽黟縣南屏村民居群

九九　南屏村上葉街民居

一〇〇　南屏村慎思堂大廳

一〇一　南屏村冰凌閣二樓欄杆

一〇二　安徽黟縣際聯鄉宏村全貌

一〇三　宏村月塘民居群

一〇四　宏村月塘民居

一〇五　宏村承志堂外貌

一〇六　宏村承志堂二門入口

一〇八　宏村承志堂内院與門廊

一〇七　宏村承志堂正廳

一〇九　宏村某宅内院綠化

一一〇　宏村某宅庭園

一一一　安徽黟縣西遞村全貌

一一二　西遞村胡宅“桃李園”

一一三　西遞村胡宅廳堂

一一四　西遞村西園前院

一一五　西遞村西園庭園

一一六　西遮村某宅隔扇

一一七　西遞村某宅隔扇細部

一一八　江西南昌朱耷故居全貌（廖少強 攝）

一一九　朱耷故居正廳

一二〇　朱耷故居後院

一二一　朱耷故居厢房檐廊

一二二　朱耷故居書齋荷花池

一二三　朱耷故居偏院

一二四　江西景德鎮玉華堂

一二五　江西景德鎮黃宅大廳檐廊樑架

一二六　黄宅後廳

一二七　黄宅翰墨齋和内院

一二八　黄宅隔扇細部
一二九　江西景德鎮民居屋頂山牆（後頁）

一三〇　江西景德鎮某宅明代柱礎

一三一　景德鎮某宅明代柱礎（廖少強 攝）

一三二　江西婺源延村胡宅

一三三　胡宅大門入口閣樓

一三四　胡宅天井二樓外檐裝修

一三五　胡宅隔扇細部

一三六　胡宅外檐細部

一三七　江西婺源某村落外貌

一三八　婺源某村落外貌

一三九　江西婺源山區民居

一四〇　四川犍為縣羅城戲臺

一四一　羅城民居

一四二　四川自貢沿河民居

一四三　自貢沿河民居

一四四　四川大足城鎮沿街民居

一四五　重慶山城民居

一四七　楊宅内院

一四六　四川潼南楊宅

一四八　四川廣安協和鄧小平故居外貌

一四九　鄧小平故居檐廊

一五〇　四川南充羅瑞卿故居外貌

一五一　羅瑞卿故居版築外牆面

一五二　四川閬中民居大門

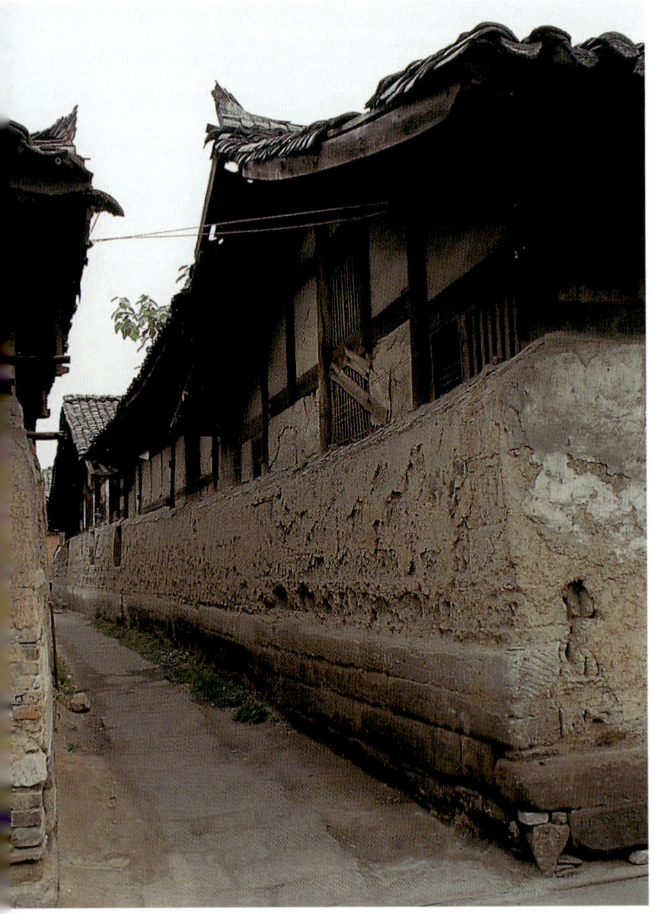

一五四　閬中民居街巷

一五三　閬中民居入口

一五五　閬中民居内院

一五七　閬中某宅(現民俗館)院落

一五六　閬中民居外檐裝修

一五八　阆中某宅偏院

一五九　四川巫溪縣寧廠鎮沿街民居

一六〇　寧廠鎮沿河民居

一六一　福建閩清岐廬全貌

一六二　岐廬後廳

一六三　福建古田縣民居外牆燕尾脊

一六四　古田縣某宅内院

一六五　古田縣某宅外牆灰塑及通花

一六六　古田縣民居方柱方礎

一六七　古田縣民居方柱方礎

一六八　福建屏南縣廊橋橋頭入口

一六九　福建福鼎縣白琳村洋里大厝中廳院落

一七〇　洋里大厝中廳樑架

一七二　洋里大厝檐廊

一七一　洋里大厝後院

一七三　福建福安縣坦洋鄉某宅入口

一七四　坦洋鄉某宅内院

一七五　福建福安縣某村外觀

一七六　福建福安縣某宅二樓木雕欄杆

一七七　福建霞浦縣沿街民居入口

一七八　福建崇安縣城村某宅外觀

一七九　城村某宅大門

一八〇　城村某宅内天井

一八一　福建崇安縣下梅村某宅外觀

一八二　下梅村某宅外牆面磚雕

一八三　福建泉州楊阿苗宅

一八四　楊阿苗宅大門兩壁磚雕

一八六　楊阿苗宅大門内天井檐下磚雕

一八五　楊阿苗宅大門兩壁石雕

一八七　楊阿苗宅大門内天井圓形壁雕

一八八　福建永定古竹村僑福樓内院

一八九　福建永定承啟樓外貌

一九〇　承啟樓内院

一九一　福建永定土樓群（戴志堅 攝）

一九二　福建永定古竹村方形土樓

一九三　福建永定五鳳樓

一九四　廣東梅縣白宮鎮某圍壠外觀

一九五　白宮鎮某圍壟大廳院落

一九六　白宮鎮某圍壟禾埕外大門

一九七　白宮鎮某圍壟側座天井

一九八　廣東梅縣客家村落全景（廖少強 攝）

一九九　廣東梅縣圍壟屋後園（廖少強 攝）

花萼相輝
長行好運丁財旺

二〇一　梅縣某宅後堂

二〇〇　廣東梅縣某宅外觀

二〇二　廣東梅縣客家民宅外觀

二〇三　廣東蕉嶺丘逢甲故居外觀

二〇四　廣東梅縣白宮鎮某僑居側廳

二〇五　廣東三水大旗頭村祠堂

二〇六　大旗頭村民宅火巷

二〇七　廣東東莞某宅内庭

二〇八　廣東番禺某宅鑊耳牆

二〇九　廣東番禺餘蔭山房廳內屏門

二一〇　餘蔭山房小院磚雕通花

二一一　廣東粵中某宅廳堂石礎

二一二　粤中某宅廳堂石礎

二一三　廣東臺山僑鄉民居火巷

二一四　廣東開平碉樓

二一五　廣東潮安某宅大門

二一六　潮安某宅凹斗門

二一七　廣東潮安農村民居

二一八　廣東潮安彩塘鎮沿河民居

二一九　彩塘鎮某宅山牆

二二〇　廣東澄海三落四從厝民宅外貌（廖少強 攝）

二二一　廣東澄海西塘庭園住宅拜亭（廖少強 攝）

二二二　廣東澄海某僑宅屋面

二二三　澄海某僑宅前埕圍牆漏窗

二二四　廣東揭陽三落二從厝民居外貌（廖少強　攝

圖版説明

一　江蘇蘇州網師園宅居大門門檐雕飾

網師園，蘇州名園之一，乃宅第帶園林的一種民居類型。門前為廣場，前有照壁，入大門進轎廳，經庭院，入宅門，才進入大廳。

宅門是江南最有代表性的門樓形式。門樓用磚砌，全部用質地細膩的磨細青磚貼面。門楣做成橫向幅面，中間做成框匾，有題詞，兩旁為磚雕圖案。再上有磚燒製的斗栱和坡頂屋檐脊飾。整座門樓雕琢精緻、造型玲瓏、外觀華麗。

二　網師園宅居大門門檐磚雕細部

門樓大門上部有門楣、門檐。門楣以長條形楣枕為基座，以突出的磚雕望柱、欄板和橫向幅面為楣身，再上為長條形楣頂，共三部份組成。最上面的是磚雕成型的斗栱和坡頂屋檐。

橫向幅面分為三部份，正中做成框匾，上書『藻耀高翔』四字，兩旁為磚雕畫像『郭子儀上壽』和『文主訪賢』。楣枕、楣頂為蝙蝠圖案、獅子滾繡球，象徵福祿壽高照。整個門樓構圖優美嚴謹，雕琢細膩精緻。

三　網師園內院門樓雕飾

內院門樓與大門門樓做法基本一致，其規格略小，一般不施斗栱裝飾，有的還不用題詞框匾，而是素面或圖案。但其雕琢和圖案仍精緻細膩，構圖優美。

四　江蘇蘇州拙政園宅園

拙政園，蘇州名園之一，位於蘇州婁門、齊門之間，是一座獨立式園林。宅第在外，園林作主人會友、吟詩、休息之用。園內景色十分豐富，正門後有假山屏障，遠香堂與見山樓隔水相望，南北兩岸用三曲平板小橋相連。在南面端角帶形水面上置有廊橋，從四方亭望廊橋，水面景色盡收眼底。

五　江蘇蘇州某宅鋪地

江南園林和民宅喜在地面上進行鋪砌圖案花紋，一則利用施工後多餘磚瓦廢料，二則增加地面藝術感。鋪地花紋常用者有幾何形，如六角形、方形、菱形、圓形、橢圓形等，花卉形如藤花形、梅花形等，還有金錢形、萬福形等。

六　江蘇吳縣東山雕花大樓前廳及檐廊

雕花大樓位於吳縣東山鎮，原名『春在樓』，取義『向陽門第春常在』。入大門前有照壁，但因距離太窄，祇能從側面看到大門門樓。進門後見前廳，兩層。前廳檐廊為木結構，所有構件都用上等木材精雕細刻而成。整座大樓以磚雕、木雕、石雕見長，故稱雕花大樓。

七　雕花大樓内院門樓

門樓為江南有地方特色的一種建築類型。門樓牆身為青磚貼面，門楣磚雕用淺雕和凸雕技法，題材大多圍繞福祿壽喜為主線，再加上民間故事。整座建築雕刻細緻，工藝精巧。

八　雕花大樓二樓檐廊裝修

雕花大樓主樓二樓檐廊已吸取了近代技術，木構件雕飾精緻華麗，隔扇和屏門上有書法、刻字，外鑲玻璃。廊上飾以燈籠，廊道置茶几花瓶，反映出傳統色彩中已帶有時代氣息。

九　江蘇吳縣東山楊灣明善堂門樓及院牆雕飾

明善堂位於吳縣東山鎮楊灣村。建築坐北向南，前後四進，臨街而建，是一座規模較大的大型宅第。因昔日主人信奉儒學，故取『明德日善』為堂名。四周雖係磚牆包圍，外貌卻很簡樸。

一〇　明善堂門樓磚雕細部

本門樓磚雕是根據傳統技法做成。明代磚刻，刀法技藝精緻，裝飾風格樸實。

一一　明善堂內景

明善堂大廳有屏牆，牆上掛畫像、對聯。牆頂有匾額，上書『明善堂』。室內陳設的案几、桌椅，乃明代家具。建築室內裝飾樸實。

一二　明善堂問梅館

明善堂平面佈局分為東西兩部，東部為主體建築，有大廳、花廳、住樓（已毀）及左右備弄、廂房等，西部有牆門、耳房、問梅館、佛樓和花園。問梅館為書齋，木構建築，外觀簡樸。

一三　明善堂問梅館陳設

問梅館為書齋，室內陳設有案几、桌椅，乃明式家具，線腳流暢樸實。

一四　江蘇吳江縣同里鎮退思園住宅前廳

退思園位於吳江縣同里鎮內，是一座住宅、庭園、書齋三結合的民居類型中的較大規模者，建於清光緒十一至十三年(公元一八八五—一八八七年)。業主任蘭生，因退職返里建斯園。有退則思過之意，故名退思園，因而該園具有簡樸清雅的特色。

園址雖小，分為三部，西部為住宅，中部為書齋，東部為園林。大門前有照壁，進門廳，過天井，即前廳。前廳開敞，室內陳設完整，屏門前有掛畫、對聯，高雅而簡樸。

一五　退思園住宅後廳

後廳陳設與前廳相似，因內眷使用，裝修及家具更簡樸。

一六　退思園内院

退思園内院週圍為兩層建築，樓下為廳堂，樓上為住房，房外有廊，週圍相通。二層木柱木欄杆，欄板為萬字圖案裝飾。

一七　退思園檐廊及庭園

退思園庭園中有假山、池水，建築物有退思草堂、桂花廳、琴房、水香榭等。佈局中以水為主，假山點綴其中，旁有九曲圍廊，並有圓洞門通向住宅。

一八　退思園二樓走廊及内院

住宅樓為兩層，前後佈置。樓下為廳，樓上為房。房前設廊，兩廂做成廊道，形成迴馬廊，中間為庭院。這種内院式佈置，清靜幽雅，有良好的居住環境。

一九　退思園宅居小姐樓

小姐樓名攬勝閣，與住宅樓相連通。樓為兩層，窗户面向庭園。屋頂四角起翹較高，外觀輕盈。

二〇　江蘇吳江縣同里鎮嘉蔭堂大門

嘉蔭堂在同里鎮内陸家灣小河沿岸。建築坐南朝北，面向長慶橋 。大門為門樓式建築，白牆黑門，門楣挑出小檐，有屋頂，外貌寧靜簡樸。

二一　嘉蔭堂室内陳設

廳堂屏門掛有畫像，兩旁為對聯，均為歷史文人手跡。廳前有隔扇，兩旁為檻窗，窗格直欞，簡樸明亮。

二二　江蘇吳江縣同里鎮水鄉民居

同里鎮是吳江縣東南約五公里處的一個大鎮。自古以來，該鎮以絲綢業著稱。居民較為富裕，建築質量較高，至今仍保存著不少明代住宅。鎮東是煙水浩淼的同里湖，鎮內有縱橫交織的河道。民居一般都臨水而建，環境十分優美。

二三　同里鎮水鄉民居

圖為沿河民居，民居前為街道，街道臨水。水畔築有石階埠頭，古時供居民上下洗濯和登船使用。沿河建築有兩層、單層，白牆灰瓦坡頂，組合協調，風格簡樸。

二四　同里鎮水鄉民居

沿河民居，單層建築，白牆坡頂，有的山牆做成馬頭牆，高低錯落，很有韻律。

二五 同里鎮水鄉民居

臨水建築，依靠水面來達到通風與降温，既調整微小氣候，又能美化環境。

二六 江蘇常熟彩衣堂大門

彩衣堂位於長熟縣城內，是一座大型民居。建築為三進院落式，正中為大門，兩側為牆體。其壁面用磚砌成花紋，屋面為坡頂，屋檐和脊飾均用磚砌，形象簡樸。

二七 彩衣堂正廳

彩衣堂正廳樑架、木枋和檁條上繪有彩畫。樑端置有紗帽翅形雕飾，因而該廳俗稱沙帽廳。

二八　彩衣堂正廳室內

正廳屏門上部掛有匾額『彩衣堂』，匾下正中掛有畫像，兩旁為對稱字聯。室內陳設簡樸，書卷氣氛濃厚。

二九　彩衣堂書齊

彩衣堂書齋為兩層，隔扇、格芯已用玻璃，可能是近代為考慮實用而更換。現在書齋窗明几淨，有書齋環境氣氛。

三〇　江蘇常熟曾樸故居廳堂隔扇

曾樸故居廳堂隔扇，其格芯採用冰裂紋窗花，中間開一正方形窗框，內鑲玻璃，改善了室內光線環境。

三一 江蘇昆山周莊沈宅松茂堂前院

沈宅位於周莊富安橋東堍南側的南市街上，坐東朝西，七進五門樓，大小有一百多間房屋，分佈在一百米長的中軸線兩邊。

松茂堂為沈宅最大的廳堂，位居正中，堂前為院落，院落前有門樓，是沈宅五個門樓中最宏偉的一個。它高達六米，三間五樓，上覆磚砌飛檐，翼角高翹。整座門樓雕刻精緻，人物生動。

三二 沈宅松茂堂大廳

沈宅大廳原名敬業堂，清末改為松茂堂，建成於清乾隆七年（一七四二年）。

大廳正方形，前有軒廊，後亦有廊。廳兩邊為次間屋，有樓與前後廂房相接。屋面為兩坡硬山頂。廳內樑柱粗大，刻有蟒龍、麒麟、飛鶴、舞鳳，雕飾精緻。廳中懸匾一塊，名『松茂堂』，泥金大字，筆法渾厚。

三三 江蘇昆山周莊張宅玉燕堂大廳

張宅位於北市街雙橋之南，建於明正統年間。該宅原名怡順堂，徐姓，清初賣給張姓，改名玉燕堂，俗稱張廳。

張宅為明代建築，兩層樓房，樓下有落地蠡殼長窗，樓上則設蠡殼短窗，顯得古樸典雅。大廳開敞明亮，粗大的庭柱下，是少見的柱腳——木鼓墩，油漆已剝落，卻堅實如初。

三四　江蘇昆山周莊水鄉民居

周莊乃縱橫河流交錯的水鄉，民居建築多沿河而建。大門沿街，街沿河，街前有埠頭、石階。建築有單層，也有兩層。圖為沿河兩層建築，外觀素淨樸實。

三五　周莊水鄉民居

周莊水鄉，河對面有小路，路旁有埠頭，建築沿路而建，單層，有農村水鄉特色。

三六　周莊水鄉民居

建築跨河而建，水流從房屋底下而過，上面做成開敞式，木欄杆，既通風，又可觀景。

三七　江蘇水鄉民居

沿河兩邊為民宅，宅前有小街。建築與水面結合，環境優美，是水鄉民居的特色。

三八　江蘇水鄉民居

江南水鄉民居，河流為船航交通通道，街道跨河則設置橋樑，橋樑採用高架拱券橋方式，橋下船可通航，橋上則為步行道。遠望水面上的飛越虹橋，景色十分優美。

三九　江蘇水鄉民居

小河兩旁民居毗連，遠望河上架起拱橋。民居白牆灰瓦雙坡屋頂，構成了江南農村水鄉特色。

四〇　浙江紹興三味書屋入口

三味書屋位於紹興市都昌坊口十一號，是魯迅先生少年時代讀書的私塾，原為塾師壽鏡吾先生私宅的一部份，建於清末。

書屋為平房，佈局靈活自由，房屋沿河而建，入口大門前為敞廊，自街上進大門，則需經鄰宅壽家臺門（即大門）前石板橋，折路經敞廊才到，進路曲折，別有風味。

四一　三味書屋內院

三味書屋平面為一長條形天井，天井側為檐廊，檐廊內為三開間書屋。

內院較窄，分為三進。內院東側為書屋，西側與壽宅有門相通。內院廊道用青條石鋪面，天井內則用亂石塊鋪地。環境幽雅寧靜。

四二　浙江紹興魯迅祖居前廳

魯迅祖居位於紹興市，其舊宅原為江南特有的深宅大院，因年久，大半房屋已毀。進入故居大門，經天井，輾轉經側門、天井，纔到故居前廳。前廳為一般廳堂佈置，白牆深色框，坡頂深檐，屋頂用通花磚身船形脊，與潔白牆身形成對比，故居顯得淡雅簡樸。

四三　魯迅祖居庭院

庭院週圍為單層檐廊，廊外有欄杆，欄板為實心，白粉塗面，外貌素雅。

四四　浙江紹興周恩來祖居大廳與庭院

周恩來祖居位於紹興城內保佑橋河沿，名『百歲堂』，始建於明代。

祖居三間三進，坐北朝南。進入古樸的黑漆大門，再進儀門，穿過天井，便見一座高大寬敞的廳堂，即祖居的二進大廳。

大廳庭院青石板鋪地，院內以盆種植物花卉，陳列於週圍，中間置一大缸種植荷花，出污泥而不染，寓意主人清高雅潔的情操。

四五　周恩來祖居前廳望院落

從前廳外望庭院，院落內，青石鋪地，置盆景作為綠化。廳堂前檐隔扇用木欞格子圖案，線條挺直，外觀簡潔素雅。

四六　浙江紹興徐渭故居書齋

徐渭，字文長，別號『天池』、『青藤』，生於明正德年間（一五二九—一五九三年），現故居為徐渭生長和讀書之地，故名青藤書屋。

故居為住宅、書齋、庭園三結合類型。書齋為三開間平房，以屏牆為間隔，分為前廳和後廳，前後各有庭院。前廳為客廳，後廳為居室及書齋，書齋前小院以原土種植花草，並在小院一角由主人親自栽植『青藤』一株。并築有『天池』一方，故別號『天池』、『青藤』。

四七　徐渭故居内院

書齋前為内院，内院砌築小型水池一個，方形，稱『天池』。天池緊貼書齋，池水在齋室房屋底下通過。齋室臨水池有檻窗，檻窗下為石砌通花欄板。在小院東邊，植青藤一株，小院西邊則栽冬青樹一株。夏日翠綠成蔭，冬季則紅色滿院，彩色宜人。

四八　徐渭故居圓洞門

這是書齋内院通向庭園的洞門，圓形，門洞牆面上部書寫『天溪和源』四個大字。在洞門、圍牆外又栽植大樹一棵，莖粗葉密，夏日遮蔭庭園，是讀書、休息的良好場所。

四九　浙江紹興柯橋鎮沿河民居

紹興郊外乃南北大運河，運河兩岸村鎮有街道，街道緊靠運河，交通方便。民居沿河而建，成為前街後河佈置的商業居住模式。

五〇　柯橋鎮水鄉民居

柯橋鎮有小河，兩旁為民居，民居前有小街，作交通用。

五一　浙江紹興水鄉民居

紹興水鄉，民宅沿河而建，民宅有一層，也有二層，建築高低錯落，色彩黑白分明，風格素靜、和諧。

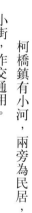

五二　紹興水鄉民居

沿河而建的民宅，依靠建築的牆面、門洞、窗户、屋頂形式、挑檐深淺進行組合，加上色彩對比，組成一幅江南水鄉簡樸素雅的民居特色。

五三　浙江東陽盧宅肅雍堂外貌

盧宅，位於東陽市吳寧鎮東側，南峙筆架山，北枕東陽江，東西雅溪分流環繞，面山繞水，環境典雅。盧宅創建於明永樂年間，現存建築乃明清兩代相繼興建，共有六組建築群，其最大規模者則是肅雍堂建築群。

肅雍堂共九進院落，是盧宅保存最完整的一條軸線，其佈局為傳統的前堂後寢制。主體建築肅雍堂，始建於明景泰年間（一四五六年）、天順六年（一四六二年）建成。面闊三間，兩翼東西雪軒，為廊廡式建築。整座建築規模宏大，屋頂為重檐歇山式，有斗栱，外觀宏偉端莊。

五四　盧宅肅雍堂大廳

肅雍堂大廳與後堂用穿堂相連，形成工字形平面。建築為木構架，其樑架柱枋，挑檐等都採用當地有名的木雕裝飾處理。匠人的工藝精湛、題材豐富、構圖和諧，融合了東陽木雕與彩繪藝術於一體，顯示了濃鬱的民族文化與地方特色文化的結合。

五五　盧宅廳堂樑架

盧宅廳堂，在宅第中規格較高，平面雖為三間，但檐高脊高。其樑架結構可用重檐和斗栱。在樑架、柱枋、挑檐、樑頭、柱墩和雀替等部位可施以彩繪雕飾，其工藝多用圓雕、透雕，其題材則有珍禽異獸、神仙八卦、福祿壽喜、山水人物等。

五六　盧宅檐廊樑架

檐廊樑架挑出樑頭，用木雕飾。題材有用外國人頭像和西方渦葉捲草，説明在清代晚期已受到西方建築文化的影響。此外，樑架上有花斗、花栱，比較複雜，説明清代晚期的裝飾風格已走上繁瑣和程式化的道路。

五七　盧宅後廳檐廊

盧宅後廳檐廊，樑架無斗栱無裝飾。檐柱有柱礎，為鼓形，總的形象較簡樸。

五八　盧宅大夫第門樓

圖為盧宅內某大夫第入口門樓，其下是雙扇黑漆大門，其上為雙層屋檐，每層都用磚砌挑檐。門樓旁為灰白牆面襯托，形象樸實。

五九　浙江東陽横店瑞藹堂廂房

瑞藹堂，位於東陽横店鄉，為三進三間古老民宅，整座建築群比較簡樸。廂房亦為三間，外為廊道。遇有喜慶活動，廳堂廊道都懸掛彩色燈籠，晚間照明用，也增加了喜事氣氛。

六〇　瑞藹堂檐牆雕飾

山牆有裝飾，一般在博縫垂帶部位和牆尖部位。瑞藹堂山牆用線條組成圖案進行裝飾，形象簡潔樸實。

六一　浙江義烏培德堂外貌

培德堂為義烏沿街民居類型。大門為門樓式，黑漆雙扇，石框。大門上部為門楣，橫向分為三部份，用石板貼面，再上為磚砌挑檐和屋面。牆面白色，開小窗，或方形、或八角形。門楣橫向框匾除題字外，也有框邊作模線者，或用圖案裝飾。

六二　培德堂檐廊雕飾

培德堂檐廊樑架出挑樑頭，其牛腿作金剛頭像。樑頭有雕飾，其上為花斗花栱，題材有人物捲草圖案花紋。雕飾手工精緻，外觀形象豐富。

六三　浙江義烏黃山鄉八面廳外檐雕飾

『八面廳』乃義烏黃山鄉陳氏宅第之代稱，它位於義烏黃山鄉城外三十公里，建成於清嘉慶十八年（一八一三年）。

『八面廳』平面為三進三間兩廊及兩跨院佈局，是一座典型的江南宅第類型。它主要特點表現在建築的三雕——磚雕、石雕、木雕的技藝表現。

八面廳檐廊樑架挑出樑頭，為木雕裝飾。樑頭之上有雕飾華麗、線條豐富的斗栱，樑頭下牛腿則用神態生動、栩栩如生的歷史人物木雕作為支撐，其雕琢技藝精湛，形象豐富而質樸。

六四　八面廳柱礎

八面廳檐柱為方柱，石造，無櫍。柱礎亦方形，石造。線條簡潔。

六五　浙江蘭溪芝堰村全貌

芝堰村位於浙西蘭溪市的西北邊緣，是一個已有八百年歷史的村落。

村址枕山倚溪，坐東朝西，山谷有風吹來，自然環境優越。村內建築沿等高線佈置，街道呈南北走向，街面用長條青石鋪砌。民宅為東西向佈置，比較密集，出入口都設在山牆面，這是本村的特色。大門為門樓式，屋檐作磚雕飾面。沿街的馬頭封火牆高低錯落，主街道兩側民居建築，有退有進、自由靈活。村內街巷比較窄長，但環境幽雅寧靜。

六六　芝堰村民居

芝堰村民居比較密集，相互緊靠，一般都有封火山牆相隔，大多做成馬頭牆。平面仍是傳統的院落式，梁則整齊。民居外貌，屋頂部份靠馬頭牆與灰白牆面的組合，牆面部份則靠大門和窗户的組合。大門形式多樣，組合豐富多彩，形象簡樸優美。

六七　浙江蘭溪諸葛村大公堂外貌

諸葛村位於蘭溪市境內高隆崗，是一座古老的村落。相傳是諸葛孔明後裔來此定居，故名諸葛村。

村落四面環山，山外有公路通入村內。村落以鍾池為中心，向四方輻射，分為八區，區與區之間有小道相通。

村內建築衆多，有廳堂、廟宇、民居、庭園、樓閣等，其中有大公堂、丞相祠堂等廳堂十八座，廟宇四座，石牌坊三座，民居、小花園則不計其數。大公堂是村內最大的祠堂，大門做成牌坊式，三開間，明間為大門，次間為牆面，書寫『忠』、『武』兩字。屋頂部份正中突出，作重檐歇山式，左右兩邊為雙坡屋面。兩側山牆，做成五階馬頭牆。整個門樓外觀嚴肅而樸實。

六八　諸葛村民居

諸葛村民居衆多，基本類型是三開間兩廊一天井的三合院形式和兩進三開間形式，它適合於小家庭生產和生活方式。外觀大門大多是門樓式，兩旁白粉牆，正座建築兩端做成馬頭牆形式作防火用。民居外觀簡潔樸實、淡雅，有濃厚的農村生活氣息。

六九　浙江蘭溪上吳方村民居

上吳方村在蘭溪市西北方是一個古老的山區村落。村落民居沿等高線佈置，平面類型以三開間兩廊一天井的三合院為主，也有兩進式民居類型。大門多為門樓式，屋頂雙坡，山牆封火馬頭牆式。整個建築群黑白色彩鮮明，外觀簡樸素雅。

七〇 安徽屯溪老街

屯溪在黃山南麓，原是徽州地區一個村鎮，因它是去黃山途經之地，所以自古以來老街就是鎮上一條商業街。老街兩旁商鋪林立，為兩層房屋，大多是下鋪上宅。門面為傳統的柱枋出檐坡頂屋面形式，各鋪之間用磚砌山牆間隔，它高於屋面，作防火用，也有做成馬頭牆形式。

七一 安徽屯溪下鋪上宅民居

最早農村商業點叫墟，是農村農產品交換場所，日出而集，日没而散。以後，為了固定買賣場所，建起了商鋪，鋪在前，後為住家。再後，墟内人密，就建二層，鋪在樓下，人住樓上。街巷也一條一條增多，這就是城鎮形成的前身。

七二 安徽屯溪潛口曹宅内院

潛口民宅坐落在黃山第一峰——潛口紫霞山麓，原為分散在徽州和歙縣等地的明代民居與祠堂，因不宜於就地保護而遷建於此，并加以復原，使它們保持原有的歷史風貌和文化藝術價值。

曹宅為明嘉靖年間一所宅第，圖為其内院一角。

七三　安徽屯溪潛口方文泰宅入口

方文泰宅為明代中葉建造的三開間兩進樓房，中間天井，磚木結構建築。

七四　方文泰宅天井

天井四面圍合，底層有開敞的廳堂。兩旁側廳、卧房用隔扇檻窗裝飾。二層為檻窗木欄板，圖案以横豎線條為主，造型簡樸和諧，有明代風格。

七五　方文泰宅檻窗

檻窗格芯為直欞木格圖案，窗外為遮擋視線，採用窗欄，外觀兩層，用捲草圖案雕飾。

七六　安徽歙縣斗山街某宅入口

歙縣古稱徽州府。縣城內有古老的街道即斗山街。街巷曲折逶迤，祇見兩旁白色高大圍牆。住家入口一般不沿街巷，而要進入側巷後再進大門，比較隱蔽。大門有三間或單間坡頂式建築，也有圍牆門樓式。

七七　斗山街某宅內院

本宅內院佈置整潔，以盆景綠化為主。大廳開敞式，與庭院結合，內外空間打成一片，格外顯得寧靜、幽雅。

七八　斗山街某宅廳堂

廳堂開敞，佈置為當地傳統方式。正中為畫像軸幛，兩側為對聯。前有案台，上置花瓶等文房用具，廳堂還有古式桌椅陳設，佈置典雅，富有文化生活氣息。

七九　斗山街某宅後花園

園中置盆景，植一、二株樹木。簡潔而幽雅。

盆景乃徽派有名的藝術品類之一。徽派盆景既兼有江浙盆景的纖麗和娟秀，又蘊含著自身特有的遒勁與瀟灑。宅中園內置盆景，充實了住户主人的文化生活内涵。

八〇　安徽歙縣棠樾村村落入口

村落入口，一般都採用門樓形式。在歙縣棠樾村，進村落之前，有一排牌坊群，作為入村的前奏，很有特色。

牌坊在古代，是宣揚忠孝節義封建文化的産物，現已成為棠樾村的標誌。七座牌坊群中，三座建於明代，四座建於清代，遠望牌坊群，氣勢十分壯觀。

八一　棠樾村牌坊

棠樾村牌坊高大豪放，顯得莊重和威嚴。牌坊選用質地堅硬的青色茶回石，樑枋、欄杆、斗栱、雀替，均用大塊整體石料，重達四、五噸，這些石材上雕有對稱錦紋，彩鳳珍禽、飛龍走獸，圖案疏朗多姿，體現了徽派石雕藝術手法。

八二　棠樾村鮑宅廳堂

鮑宅廳堂與庭院用隔扇相隔。上有横披，圖案花紋和線條有粗有細，和諧樸實。

八三　棠樾村鮑宅廳堂外檐裝修

鮑宅卧房檻窗外設有窗欄遮擋視線。廳堂突出少許為抱廈形式，立面做成隔扇。天冷時，當廳前隔扇關閉後，兩旁側門隔扇可作出入用。

八四　安徽歙縣三陽鄉全貌

三陽鄉位於歙縣山坡地區，民居沿坡而建，一層一層作臺階式處理。整個民居群，白牆青瓦馬頭牆，高低錯落，形象豐富多彩。

八五　安徽歙縣某村街巷

村落街巷石板鋪路，兩側白牆中開大門，門雙扇黑色，青石石框，門楣出挑，稍有微翹。整個街巷整齊清靜，建築高低基本一樣，略有差別，遠望協調一致。

八六　安徽歙縣某村民宅

民宅大門採用門樓式，黑門、青白石框，門楣有石匾框，上有堂號題名，再上為短挑屋檐。

八七　安徽歙縣呈坎鄉全貌

呈坎鄉位於黄山市徽州區西北部。原名龍溪，唐末江西南昌人士羅隱公因其地『山水繚繞，風景中和，遂築室居焉』，至今已有千年歷史，現有建築都為明清時代所建。

呈坎村民居都比較古老，平面一般三開間，也有五開間；有一進三合院式，兩進四合院式，也有兩進前廳帶天井、圍牆的，圍牆正中為門樓式大門。因南方人多地少，住宅多為樓房。樓梯有設於廳堂後牆邊，也有設於廂廊處。屋面坡頂，山牆有馬頭牆，也有坡頂。民居群古樸簡潔。

八八　呈坎鄉某宅二樓檻窗

呈坎村民宅前廳後部，面向後院，其平面作成凹廊式。二樓廳堂設欄杆，上置檻窗，卧房檻窗外有窗欄，圖案簡潔，多用直欞線條，還有方形、斜方格式等。

八九　呈坎羅氏宗祠前廳

羅氏宗祠，明萬曆十六年（一五八八年）所建。祠為三進兩院落，前有照壁廣場，廣場不開門，出入口在廣場兩側。進儀門後為大廳、享堂。院內正中鋪花崗石板甬道。

前廳有方形石柱、石礎，大門前有抱鼓石。

九〇　羅氏宗祠廂房

羅氏宗祠大廳前庭院兩側設廊廡，即廂房。因建築高出地面，故廂廊前設欄杆，欄杆有石雕欄板、望柱，形制古樸，雕刻精緻。

九一　羅氏宗祠大廳月臺欄杆雕飾

羅氏宗祠大廳前設月臺，乃古制。因宗祠規模大，庭院深廣，故月臺前和兩側都設臺階和欄杆。所有欄板、望柱，都有精美的雕刻。

九二　羅氏宗祠寶綸閣

宗祠最後一進為寶綸閣，兩層，總面闊二十九米，進深約十米，二樓樓檐正中高懸『寶綸閣』牌匾一塊，字體渾厚有力。

九三　羅氏宗祠寶綸閣樑架

寶綸閣樑架中，有月樑、斗栱等。樑架上還有雕飾精美的叉手，還有南方祠堂罕見的明代彩繪。

九四　羅氏宗祠寶綸閣樑架細部

寶綸閣樑架、樑枋，雕飾題材圖案化，形制古樸。

九五　羅氏宗祠寶綸閣欄杆雕飾

寶綸閣的平臺前有青石臺階，臺階兩邊有欄板，望柱前有雕獸。所有欄板、望柱及坐獸，均用青石雕琢，刻工精緻細膩。

九六　安徽黟縣關麓村民居群

關麓村位於黟縣西南武亭山下，距縣城約七公里，是汪姓聚居的村落，最有特色的為八家民居。

八家民居是汪氏『承德堂』八支後裔聚居一處的古民居。除民居外，還有祠堂、書齋、學堂等建築物，一應俱全。建築群的特點是，八家宅第門户相通，樓與樓之間相連，成為一個整體。但八户又各自獨立，自成一家互不干涉。在建築形式上風格統一，有皖南建築特色。

九七　關麓村某宅大門

該民居大門，為當地傳統的門樓形式。青石門框，內為雙扇黑漆大門，門楣做成出挑式，短檐單坡頂。它與粉牆組合，黑白分明，形象突出。

九八　安徽黟縣南屏村民居群

南屏村位於縣城西南方頂遊山下，距縣城約五公里。它是一個古老的村落，有保存完整的明清兩代古民居三百餘幢。南屏村為蘇姓聚居村落，主要有三大家族。本村的特點是，除民居多外，祠堂也多，從宗祠、支祠到家祠。家祠小巧玲瓏，宗祠氣勢壯觀。

村落建築的特點是，牆高巷深，形似迷宮。村內有七十二巷，縱橫交錯，如同蛛網。白牆青瓦、配上門檐、窗洞和馬頭牆，增添了皖南農村民居街巷的幽靜之感。

九九　南屏村上葉街民居

在彎曲的巷道上遠望民居大門、小窗、馬頭牆，更顯得皖南民居的深遠、安祥。

一〇〇 南屏村慎思堂大廳

慎思堂位於南屏村西南角，是一幢坐西向東的兩進民宅。宅內庭院較少，衹半畝大小，但院內石凳、石儿和綠化齊全。大廳開敞式，為木結構樑架。廳房用屏門間隔，屏門格芯用字畫裝飾。廳堂上方黑漆匾額寫有金色楷書『慎思堂』三字，下面配有精美的楹聯條幅，整個廳堂富有文化氣息。

一〇一 南屏村冰凌閣二樓欄杆

冰凌閣的特點是突出偏廳，偏廳以其巧妙的構思和風格，反客為主，超出正廳。偏廳有三開間，二層樓，中間設廳，兩側為卧房，樓廳外是一條寬走廊，靠外設有『美人靠』，它和直欞欄杆連在一起，并有精美木雕。

二樓欄杆為直欞木條。在屋頂挑檐下，沿柱位處做有小垂檐和小雀替，其雕刻精緻、風格樸實。

一〇二 安徽黟縣際聯鄉宏村全貌

宏村乃際聯鄉最大的村落之一。村臨水邊，遠望整個建築群，樓宇白牆、檐廊門窗、山牆坡頂、高低錯落，簡樸自然歸真，景色十分優美。

民居多數為兩層，白粉牆、灰瓦、硬山屋頂。牆尖常做成馬頭牆，其檐脊為長條，可長可短，端部呈昂首狀，造型富有變化。它以光潔平整的牆面，不同形狀的山牆和不同大小的門窗進行組合，使民居具有錯綜變幻的外形和簡樸素雅的風格。

一〇三　宏村月塘民居群

村內月塘，塘邊祠堂三開間。民居中有單層、有兩層，民居圍牆設有門樓，屋頂為坡檐和馬頭牆，高低結合，外觀和諧。遠望月塘水畔民居及其倒影，更覺寧靜優美。

一〇四　宏村月塘民居

白牆灰瓦，小窗挑檐，馬頭牆高低組合和諧，色彩清淡雅緻，風格寧靜簡樸，乃徽州民居的特色。

一〇五　宏村承志堂外貌

承志堂位於宏村上水圳，是鹽商汪定貴於清咸豐五年所建。建築規模宏大，雕刻精美，為典型的徽州民居佈局。

由街道進入巷內才見到八字大門。大門後為前院，入二門才見正廳。正廳稱福堂，後廳稱壽堂，均為開敞式，廳內樑架、廊檐、斗栱、柱頭及四週的門窗、隔扇、掛落均為木造，其雕刻內容多為民間習俗，意在福壽。

一〇六　宏村承志堂二門入口

一〇七　宏村承志堂正廳

一〇八　宏村承志堂内院與門廊

一〇九　宏村某宅內院綠化

徽州民居廳堂面向內院，多用隔扇，其格芯常用直櫺，庭院內部置有綠化，格調簡樸清新。

一一〇　宏村某宅庭園

園內設石凳石几盆景，種植低矮灌木花草，偶孤植一、二棵喬木，枝直葉疏，與白牆灰瓦建築相配，倍覺清爽幽雅。

一一一　安徽黟縣西遞村全貌

西遞村，在黟縣城東五公里處。村東西長七百米，南北深三百米。村內民居密集，但佈局有規律。街道為環行，內有小巷，較窄。本村有兩大特點：其一，村內流水，自東而西，與其他村落溪河由西向東流向不同；其二，該地多石山。自古以來本村有驛站，設遞鋪，故名西遞。

一一二　西遞村胡宅『桃李園』

該園為清代秀才胡久明所建，作為教書授業之用，竣工於清咸豐同治年間。

屋為三進三間，坐南向北。因地形所限，前一進祇留有大門一座。東側為長條形灶間及休雜間。再東即為宅園『桃李園』。園內有花臺、水池，并多植桃李，佈局幽雅。後進房屋闢為書室。

建築物為兩層樓房，門窗、隔扇、屏門、欄杆均附有木刻雕花和邊框，雅靜墨香，風格別致。中間匾額為石刻棣書『桃花源里人家』，係黟人汪士道所書。全幢建築頗具典雅之風。

一一三　西遞村胡宅廳堂

胡宅，清代晚期所建。廳堂採取開敞式。兩旁為卧室。卧室與廳堂不用牆壁間隔，而採用隔扇，其格芯部份採用名人書法來替代枋木圖案，它與廳堂古畫、屏幛、陳設佈置在一起，令室內倍覺典雅。

一一四　西遞村西園前院

西園，清道光年間由知府胡文照所建，是黟縣一座有代表性的園林式建築。建築入口為八字形磚砌門樓，內有呈一字形排列的三幢樓房，用長條形庭院將其聯成一體。庭院分為前園、中園和後園，用半圓形拱券洞門、漏窗和圍牆加以間隔。庭院通過漏窗洞門，相互滲透，增添了園林建築之空間美感。

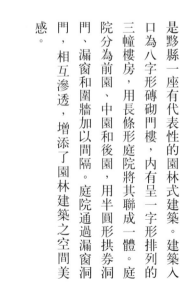

一一五　西遞村西園庭園

西園庭園内種植花卉翠柏，并設置花臺、盆景、魚缸，後園還置有小型假山。通過洞門、漏窗，各園之間景色既有間隔，又相互滲透。宅園雖小，但反映出濃厚的書香氣氛。

一一六　西遞村某宅隔扇

門窗裝修是傳統的藝術表現特色之一。其特點是窗花題材豐富，有各種圖案，線條優美，工藝精細。

一一七　西遞村某宅隔扇細部

檻窗窗欄，為民居内院卧房窗户遮擋視線所用。窗欄採用博古架及文房四寶等圖案，工藝精緻，並與檻窗圖案協調，為窗户之美觀增色不少。

一一八　江西南昌朱耷故居全貌

朱耷（公元一六二六—一七〇五年），道號八大山人，明清之際著名畫家。

朱耷故居總體佈局分為住宅、書齋和庭園三部份，四週有圍牆，牆外為池塘，水面較寬廣。遠望故居，白牆灰瓦，五檐馬頭牆尖，坐落在田野水面之上，環境寧靜而和諧，富有山村農舍特色。

一一九　朱耷故居正廳

朱耷故居正廳，日常起居用，樓上為祖堂。樓前兩側與廊相連，前為庭院。院中綠化，環境清靜幽雅。樓內裝修簡潔，隔扇通透明亮，既有傳統特色又有地方風格。

一二〇　朱耷故居後院

庭院內四隅角各種樹木一株，除縱橫道路外，餘地種植花草，夏日時節，幽靜而涼爽。

一二一　朱耷故居廂房檐廊

廂房檐廊，外觀整潔簡樸。廊内欄板尺度恰當，步入檐廊，很有生活氣息。

一二二　朱耷故居書齋荷花池

書齋前池，種植荷花，炎夏之日，風吹荷葉，清香徐來，精神倍覺涼爽。

一二三　朱耷故居偏院

故居書齋乃朱耷平時讀書之處。外有檐廊、庭院，是讀書後漫步、休息場所。

一二四　江西景德鎮玉華堂

玉華堂，原為婺源之祠堂，清道光年間所建，後人遷建於此地。該屋雖為祠堂，由於平面佈局、外貌與當地民居類同，故建築具有民居特點。

玉華堂為三進院落式平面，外觀兩側為高大的封火山牆，作成馬頭牆形式。大門為門樓式，正中南開，青磚石柱貼面，材質細膩，工藝精緻。

一二五　江西景德鎮黃宅大廳檐廊樑架

黃宅，建於清道光年間。户主黃理，因官到進士，故其宅名為『大夫第』。

黃宅大廳與後堂，用穿廊相連，形成工字廳。黃宅建築特色之一就是室內樑架、檐廊樑架、門窗隔扇、屏門等都有雕飾，并施彩繪，色彩華麗。圖為大廳前檐廊樑架。

一二六　黃宅後廳

黃宅後廳室内陳設為傳統的廳堂佈局形式。樑架為木結構，雕飾華麗。

一二七　黃宅翰墨齋和內院

黃宅宅東為書齋，名翰墨齋。宅前有庭院，院中置水池，外圍以石砌望柱欄板。夏季風從池面吹來，可調節書齋室內的微小氣候。此外，書齋屋檐下有較大面積的橫披，亦為通風之良好措施。

一二八　黃宅隔扇細部

黃宅書齋隔扇，其格芯部份採用平安如意花紋與和合二仙題材，雕技細膩，刻工精緻。

一二九　江西景德鎮民居屋頂山牆

景德鎮民居屋頂山牆喜用馬頭牆，做成白牆灰瓦小檐頂形式。牆尖與牆面，縱橫交錯，高矮相間，前後有層次，遠望黑白分明，在藍色的天空襯托下，十分協調。

一三〇　江西景德鎮某宅明代柱礎

這是江西景德鎮吉祥弄七號某民居大廳的明代柱礎，石造，其上為圓形木柱，無櫍。

石礎，分為三層，下層為方形石板座。中層為八角柱身，每邊淺雕如意頭花紋。上層為圓形柱盤，面上凸雕如意雲紋。雕工簡樸有力，有明代風格。

一三一　景德鎮某宅明代柱礎

這是江西景德鎮祥集弄十一號某民居大門貼面石柱的柱礎，方形，下為底座束腰，上面做成仰蓮雕花，如意頭，雕工細膩，模線清晰，為明代遺物。

一三二　江西婺源延村胡宅

婺源縣，原屬安徽徽州地區，古老文化深厚，民居保留有皖南風格。

延村是婺源縣北鄉大村之一，人口多，住宅密。民居造型優美，輪廓豐富，組合和諧，具有濃厚的地方特色。

胡宅為婺源具有代表性的一座民居。平面佈局為傳統院落式，小天井，建築為兩層，坡頂山牆，馬頭牆形式。牆面白灰粉刷，有小窗。外觀簡樸。

一三三　胡宅大門入口閣樓

胡宅大門為門樓式，入大門後為一小天井，門樓有兩層，上層較矮，為閣樓形式。這種增加門樓高度的做法，使入口有一定的氣魄。

一三四　胡宅天井二樓外檐裝修

木作裝修也是延村民居特色之一。本圖為胡宅內院廳堂二樓外檐樑枋、欄杆、檻板裝修，圖案用捲草花紋，凹凸分明，簡繁對比恰當。

一三五　胡宅隔扇細部

延村民居隔扇，其題材通常用人物、動物、捲草、雲紋等吉祥圖案，鏤雕製成，富有藝術性。胡宅隔扇也如此。

一三六　胡宅外檐細部

胡宅萬堂外檐木雕，雕琢細緻，圖案豐富。

一三七　江西婺源某村落外貌

本圖反映了婺源縣農村村落面貌。宅外有禾坪，坪外有小道通公路，交通方便。民宅房屋一般為坡頂，山牆為馬頭牆形式，整個村落佈局，富有生活氣息。

一三八　婺源某村落外貌

村落旁有河，有塘，既解決村落用水，也調整了村落的微小氣候。外觀上建築有水面，也反映出有江南農村的生活面貌。

一三九 江西婺源山區民居

山區民居一般沿等高線佈置。如遇長坡屋頂，則山牆牆尖多做成臺階形馬頭牆。牆面有小窗洞、窗楣線加以點綴，既簡樸又和諧。

一四〇 四川犍為縣羅城戲臺

四川犍為縣羅城鎮中心由於平面佈局像船狀，被譽為『山頂一隻船』。羅城之名得於石牌坊楹聯『羅衆志以成城』。廣場偏後的戲樓前，街面空地由寬到窄，具有良好的觀戲視線效果。兩邊寬敞的檐廊，不僅是看戲的處所，也是喝茶擺龍門陣（聊天）的好地方。

一四一 羅城民居

羅城民居大多為沿街單開間聯排式建築。也有一些院落式民居。但這些院落式民居內院佈置自由靈活，因地制宜，不像北方四合院民居那樣規矩整齊。民居過廳是個開敞的空間，過廳後面有一採光天井，從過廳可以進入各房間。而過廳中間設有水井，方便人們取水之用。這種佈置方式不常見到。

一四二　四川自貢沿河民居

四川城鎮人口密集，建築密度大，以聯排式佈局居多。民居採用穿斗式木結構。自貢沿河民居依水而建，屋頂高低錯落，層次豐富，形成優美的天際輪廓線。

一四三　自貢沿河民居

一四四　四川大足城鎮沿街民居

大足城鎮沿街民居，主要為前鋪後居和下鋪上居的形式。建築採用木結構和木裝修，裝飾簡樸，不施粉彩，保持木質原有紋理。

一四五　重慶山城民居

重慶是個山城，地勢起伏，坡坎隨處可見，民居隨著地形高低錯落，柱腳下吊，廊臺上挑，別具一格。

一四六　四川潼南楊宅

四川潼南楊宅，為天井內院式民居，前門臨街，後有一較大的庭院，民居為四合院佈局。前後門廳做成開敞式，中間設有天井內院。建築採用穿斗式木結構，形象簡樸大方。

一四七　楊宅内院

一四八　四川廣安協和鄧小平故居外貌

鄧小平故居位於四川廣安協興鎮牌坊村，距縣城約七公里，為坐東朝西的三合院民居，房屋均為穿斗式結構平房，青瓦粉壁，共計十七間。正屋中之堂屋，係鄧家供家神、祭祖先、待來客之地。堂屋兩側為住房。左廂房由三開間組成，是鄧家生產用房。建築正屋昇高，兩側廂房稍低，層次分明。

一四九　鄧小平故居檐廊

鄧小平故居正屋前面建有檐廊，形成檐下空間。除可遮擋西曬之外，亦能避雨，方便人們活動，同時，檐廊也起著連接兩側廂房的通道作用。

一五〇　四川南充羅瑞卿故居外貌

四川南充羅瑞卿故居坐落在雙女石村，距南充市二公里。為一凹形的三合院民居，正屋入口採用凹斗式。建築形式樸實大方。

一五一　羅瑞卿故居版築外牆面

羅瑞卿故居為單層穿斗木結構式建築，其正面用格板檻窗組成，山面及側面為板牆粉白。四川傳統民居的山牆側面多用竹編夾泥牆套白。

一五二　四川閬中民居大門

閬中位於四川北部，嘉陵江中遊東岸，為歷史文化名城，現閬中還保留著大片的古街古宅。圖中民居大門做成亭式院門，門亭四面設門，正中內門平時不開，衹開兩旁側門，衹有重大喜慶日子時才開啟正中內門。進大門後為一庭院，院子裏遍植樹木花草。

一五三　閬中民居入口

閬中民居入口常為八字垂檐院門，雙扇大門，下有門檻，屋蓋為雙坡懸山式，垂檐出挑深遠。

一五四　閬中民居街巷

古城街道縱橫有序，里巷井然幽深，青石鋪地，瓦屋長檐，別具風韻。

一五五　閬中民居内院

閬中民居為三開間天井院落式，屋檐披長，天井狹小，地面全部用石板鋪砌，或築花池種養花草。

一五六　閬中民居外檐裝修

民居外檐用木作裝修，以隔扇和檻窗為主。大多數民居裝修簡樸，裝飾以網格直欞圖案居多，也有用木雕裝飾。

一五七　閬中某宅（現民俗館）院落

圖中民居原為大户人家所建，宅居旁側帶有庭園，建築為四合院式，門廳院落較大，廳堂兩旁為書齋、側廳和廂房。

一五八　閬中某宅偏院

在民居庭院建築端角另闢有側院，側院不大，設有生活用房和旁門。側院與主庭院通過過廳相連。交通便捷。

一五九　四川巫溪縣寧廠鎮沿街民居

南岸鎮内的街道也是與後溪河平行。宅居多數為二層樓房。平面佈局主要為單開間和雙開間。三開間以上的數量較少。由於前水後山，用地緊張，建築衹好向上發展，首層臨街為廳堂，後面是廚房，二樓為居室。

一六〇　寧廠鎮沿河民居

寧廠古鎮民居，離巫溪縣城十餘公里，坐落在後溪河的峽谷之中。後溪河把小鎮分成兩半，宅居依山傍水，沿著河流兩岸而建。每隔一段距離，有踏步駁岸，方便住家用水和上船，頗像江南水鄉民居。古鎮民居連房廣廈，起伏錯落，形成非常優美的天際輪廓線。

一六一　福建閩清岐廬全貌

福建閩清位於福州西部山區，民居以土樓、城堡等形式為主，利用各種形態的屋頂和山牆巧妙組合，具有獨特的建築風貌。岐廬係閩清常見的一種中型中軸對稱院落式民居。造型很有特色，用塊石壘砌牆裙，與一般建築用石基夯土牆有所不同。立面由大小不等的封火牆與坡屋面組合，窗洞很小，外觀封閉，具有極強的防禦性。

一六二　岐廬後廳

岐廬後廳採用構架形式。前面為開敞的廊檐，與院落相通。廳堂後面為祭祖牌位之地，從兩旁可穿越到後院。

一六三　福建古田縣民居外牆燕尾脊

古田縣地處閩北，民居外牆用碎土，內部用木結構。外牆開窗極少。多變的封火山牆是古田民居的特徵，山牆形式常做成弧形、弓形、折線形等馬頭牆式樣，其脊向上起翹如同燕尾。

一六四　古田縣某宅內院

古田民居常為三開間帶天井的平面格局，大宅置有多進天井。天井內院種植花木，生氣盎然。桃溪村某宅天井二樓採用懸挑式迴馬廊形式、欄杆為通透的直欞欄杆，開敞的內院空間與封閉的外立面形成截然兩樣的效果。

一六五　古田縣某宅外牆灰塑及通花

古田民居儘管立面造型封閉，碎土外牆，但內部裝飾豐富，常用木雕、磚雕乃至牆面灰塑裝飾和檐牆通花裝飾。

一六六　古田縣民居方柱方礎

古田民居木柱礎喜用青石製作，造型豐富，雕刻精美，甚至還有採用雙層立體透雕手法。

一六七　古田縣民居方柱方礎

一六八　福建屏南縣廊橋橋頭入口

民居村落常有溪河穿過，為了交通方便，蓋有各式廊橋。福建屏南縣某村口廊橋為木結構形式，三層重檐，造型優美。

一六九　福建福鼎縣白琳村洋里大厝中廳院落

白琳村洋里大厝為方形宅居，有三條平行的縱軸線，每條軸線由面闊三間的三進院落組成。中軸線上的中廳，高二層，底層採用開敞式，與院落結合處建有單層的檐廊。

一七〇　洋里大厝中廳樑架

一七一　洋里大厝後院

洋里大厝的院落之間用帶漏窗的隔牆分隔，側院廳堂檐廊柱子間做有美人靠，庭院植有樹木，寧靜幽雅。

一七二　洋里大厝檐廊

院落檐廊為木結構，檐廊天花為拱券形式，樑枋、雀替、托枋等都做有精美的雕飾。

一七三　福建福安縣坦洋鄉某宅入口

福安坦洋民居成片修建。宅居入口多在巷內，巷道較窄。外牆除碎土砌築外，也有青磚牆面，入口門樓造型多樣。大户人家大門用麻石框邊，門上設有牌匾，上面做成挑出式門楣檐口，牌匾與檐口之間還置有套色磚雕灰雕裝飾。

一七四　坦洋鄉某宅内院

福安民居平面也是採用三開間帶有前後天井的佈局方式。建築組合由主軸線向兩側擴展。宅居為木結構，二層樓。院落天井起採光、通風及排水之用。

一七五　福建福安縣某村外觀

福安民居山牆除了弓形折線式外，較多選用懸山屋頂，樑架外露，兩山都有披檐，村落民居群依山而建，建築屋頂高低錯落，十分壯觀。

一七六　福建福安縣某宅二樓木雕欄杆

民居内院外檐以木作為主，並置有精美雕飾。

一七七　福建霞浦縣沿街民居入口

福建霞浦位於閩東北沿海地區，因受颱風等氣候影響，民居風格與山區迥然不同。建築外觀為雙坡頂或四坡頂，山牆多為硬山屋頂，以磚石砌築居多，商鋪宅居喜用木作外檐，民居群的天際線較為平緩。

宅居入口處理很有特色，大門兩端用磚砌成山牆馬頭狀，墀頭部份用線條圍成框，框内做有灰塑裝飾。

一七八　福建崇安縣城村某宅外觀

崇安縣城村位於閩北，距武夷山約十五公里。村內街道規整。道路中間用石板鋪面，兩旁則用河卵石鋪築。民居外牆用磚砌或用夯土牆外貼青磚。入口大門挑檐用磚雕成小挑枋承托，或用木枋挑出，但都做有精緻的磚雕圖案或木雕裝飾。

一七九　城村某宅大門

民居入口是顯示户主地位的標誌，所以大門常為裝飾的重點部位。城村民居對入口大門處理較為重視，門楣做有精美的磚雕，題材以人物、植物圖案為主。門洞上方兩角還用磚雕做成雲紋狀小雀替，這樣既增加了美觀效果，又寓意著吉慶祥瑞。

一八〇　城村某宅內天井

城村民居為三開間多進深天井式住宅。前院天井中間置有石砌托架，這是城村民居與其他地區民居天井的不同之處。

一八一　福建崇安縣下梅村某宅外觀

下梅村距崇安縣城祇有幾公里，溪河在村落中緩緩流過，民居與自然環境緊密結合，融為一體。位於溪畔的鄒氏宅第還附設有家祠，外觀為牌坊立貼式大門，大門平面做成八字狀，非常有氣勢。其磚雕圖案豐富，雕刻精美。

一八二　下梅村某宅外牆面磚雕

一八三　福建泉州楊阿苗宅

楊阿苗宅，建於清光緒年間(公元一八七五—一九〇八年)是一座三屋相連的大型民居。正屋為五間兩進，院落式住宅，其特點是前廳兩側各設一小院，東西兩屋則為三間兩進院落式住宅。建築中總的特點是融石雕、磚雕、木雕、灰塑等裝飾與建築於一爐，工藝精湛，圖案優美，色彩華麗。

一八四　楊阿苗宅大門兩壁磚雕

楊宅凹斗大門兩壁壁面均為雕飾。基座部份為麻石淺雕圖案，牆身為青石原色淺雕，中間嵌有框形磚刻線雕，楣部為磚刻透雕，題材有山水，人物，花卉，雕工精細，構圖優美。

一八五　楊阿苗宅大門兩壁石雕

一八六　楊阿苗宅大門內天井檐下磚雕

楊阿苗宅正座門廳兩側各設小院，即天井。天井兩邊開敞，兩邊設圍牆。南牆作斜紋萬福圖案，用本地特製的紅磚鑲砌，紋理規整。另一牆面，正中為一圓形圖案，左右及下邊用青色平磚作框雕圖案，題材為人物透雕。

一八七　楊阿苗宅大門內天井圓形壁雕

上述內天井圍牆壁面的正中為一圓形青磚透雕，圖案佈局中心突出，週圍用青磚環形鑲邊，整個壁面色彩青、白、紅相間組合，十分協調。

一八八　福建永定古竹村僑福樓內院

古竹村僑福樓為圓形土樓。一、二層不設窗，三層設小窗。全樓衹設一大門，各家獨户居住。除祖堂外，院落內不建其他房屋。

一八九　福建永定承啟樓外貌

承啟樓位於永定縣古竹鄉高北村，是一座外圍四層高的硂土牆木構架的環形組合樓房。清康熙四十八年（一七〇九年）始建，三年竣工。

承啟樓平面由四個同心圓的環形建築組合而成。中心為祖堂，前有天井和環形廊廡建築。祖堂外是三個環形土樓，分別為單層、二層和四層。樓設四座木樓梯，開大門及兩側門。屋頂為環形，向外出檐較大，保護了土牆避免雨水侵襲。外觀一二層不設窗，三四層設八字形小窗，有防禦與瞭望作用。

一九〇　承啟樓内院

承啟樓各層面向内院都設廊，廊道平時用木板間隔封閉，一旦遇有急事，打開木板，全部廊道相通，成為跑馬廊，這時全體成為一家。這種宅居形式，反映出一股巨大的凝聚力和安全感。

一九一　福建永定土樓群

圓土樓是閩西客家為自衛防禦而形成的一種封閉形聚居環形大樓。外牆用土造，厚達一米多，故名土樓。大樓一般為一環，高二至四層，每層十六開間，多的有三十二開間，少數大型土樓還有二環、三環，做成同心圓，環環相套。

土樓内部各間有迴廊相連。土樓外部下兩層不開窗，第三、四層開小窗，窗框用白邊，平面八字開，作防禦與瞭望用。遠望土樓，樸實墩厚，數座土樓並立，群體雄偉壯觀。

一九二　福建永定古竹村方形土樓

方形土樓也是閩西客家土樓形式之一。平面有方形，也有日字形。高三至四層，也有五層者。入口在兩旁。樓正面在檐下做成懸挑外廊形式，木構架，木欄杆。屋面兩坡頂，土牆，開小窗，白灰框邊，作防禦用，外觀樸實粗獷。

一九三　福建永定五鳳樓

五鳳樓是閩西客家地區結合山地所建的一種聚居住宅形式。因兩旁橫屋屋面層層疊起，其脊多如鳥翼，故取名五鳳樓。

五鳳樓民居依坡而建，外觀粗獷穩重，造型豐富優美。

一九四　廣東梅縣白宮鎮某圍壟外觀

這是廣東客家典型的一座聚居式圍壟住宅。平面分為前後兩部，前部為三堂屋和兩側加橫屋的組合體，後部為半圓形圍屋，當地稱為三堂二橫圍壟屋。屋前有禾坪，坪前又有半圓形水塘。圍壟結合地形，建於山坡，前低後高，外觀渾厚樸實。

一九五　白宮鎮某圍壟大廳院落

廣東客家圍壟屋的大廳是本屋族人議事集會的公共場所，它的面積、規模、陳設是全宅中的最高者，其庭院也是全宅中的最大者。院落一般為青石板鋪地，不施綠化，這是一種處理莊嚴穩重之環境氣氛的傳統手法。

一九六　白宮鎮某圍龍禾埕外大門

民宅前有禾埕，在禾埕東側設門，這是整個圍龍屋院的大門。大門採用門樓式，兩邊有立柱，中間是雙扇黑漆大門，門上部為坡頂屋面。

一九七　白宮鎮某圍龍側座天井

圍龍屋兩側為長條橫屋，橫屋前有長形天井，既是交通巷道，又有通風排水作用。

一九八　廣東梅縣客家村落全景

廣東客家村落以圍龍屋為核心。圍龍屋也稱圍龍，是廣東客家地區最常見的一種聚居式住宅，主要建於山坡地形上。它在藝術造型上很有特色，整座民居好像『太師椅』一樣坐落在山麓上，雄壯、堅實、穩固，配合山形得體，前低後高，很有氣勢。

一九九　廣東梅縣圍龍屋後圍

圍龍屋的前部常為三堂兩橫屋或三堂四橫屋，後部做成半圓形圍屋。後圍結合地形，前低後高，既可擋寒風，又利於排水。外觀渾厚樸實。

二〇〇　廣東梅縣某宅外觀

這是梅縣客家民宅一個有代表性的實例。外觀由屋頂、牆面和門樓組成。

二〇一　梅縣某宅後堂

後堂為祖堂，供祀祖用。祖堂設神龕，木製雕飾，貼金，色彩華麗。

二〇二　廣東梅縣客家民宅外觀

它依靠民宅的屋頂、牆面、門洞、窗戶進行組合，外觀和諧協調。

二〇三　廣東蕉嶺丘逢甲故居外觀

丘逢甲故居培遠堂位於蕉嶺縣北，建於清光緒二十二年（一八九六年）。

主體建築平面為兩堂四圍客家民居，與其他民居不同的是，圍屋的橫屋向前延伸，兩側內圍橫屋延伸三間，外圍橫屋向前再延伸兩間作書齋用，名『潛宅』。故居前有禾坪，禾坪前為池塘。遠望故居，位處山麓，前為禾田，後有叢樹，外觀寧靜、清秀。

二〇四　廣東梅縣白宮鎮某僑居側廳

圖為梅縣白宮鎮一座規模比較大的客家僑居。平面為傳統式客家三堂二橫二副楨，對稱佈局，有三個出入口，無圍屋，有二樓，平屋頂。

側廳採取開敞式，堂屋兩廂和橫屋廳自東到西連續有四廳三天井。它與主座建築廳堂相連，形成一個縱橫大空間，適合戶主重大喜慶活動時所用。

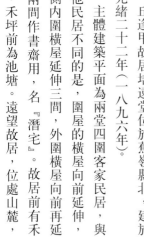

二〇五　廣東三水大旗頭村祠堂

大旗頭村位於廣東三水市樂平鎮，為鄭氏家人聚居之地，也稱『鄭村』，是粵中地區保留較完整的清代大型集居型大村聚落。

村內以三間兩廊民居為主，縱橫排列，為梳式佈局。最前排有家廟(南方稱祠堂)、私塾，村前有水塘，塘邊有塔，似筆狀。又有石硯池，象徵文房四寶。

本村祠堂以『振威將軍家廟』和『建威將軍家廟』為代表，是本村的標誌性建築。其用料之講究，裝飾之華美，為當地之最。擡樑式樑架，雕琢精緻，挑檐枋的人物造型，惟妙惟肖，牆楣磚雕，刻滿南國風韻，為民居群增色不少。

二〇六　大旗頭村民宅火巷

本村民宅橫向排列，以南北縱巷相串，形成梳式平面佈局。在巷道中，兩旁為縱向民居，這些民宅為三間兩廊，坐北朝南，天井在中，出入大門在西邊，即面向巷道。巷道很窄，兩邊的建築物山牆牆面很高，這種巷道稱為火巷，有防火作用。

從巷頭望巷內，兩旁山牆牆尖，各户大門依次排列高矮整齊，富有韻律感。

二〇七　廣東東莞某宅內庭

圖為廣東東莞可園住宅綠漪樓之內庭。庭院既作生活用，又是與廳堂相間隔的場所，並有圓洞門通向庭園。庭院週圍是檐廊，建築為兩層，一樓為主人用房，二樓為女眷住房。內庭空間，雖不植樹，但氣氛寧靜幽雅。

二〇八　廣東番禺某宅鑊耳牆

鑊耳牆，又稱鍋耳牆，亦稱鼇耳牆，它既作防火隔牆用，又是顯示户主地位財勢的標誌。

牆頭為半圓形，兩側用磚砌疊澀出短檐，上鋪板瓦、筒瓦、滴水。整條彎曲的牆脊，兩側砌有短披檐，很像披鱗龍身，有威武雄壯之感。

二〇九　廣東番禺餘蔭山房廳内屏門

餘蔭山房是一座帶庭園的民宅，清後期所建。本園的特點是已吸收融合了西方建築藝術和材料等物質文化内容。圖為客廳深柳堂内作隔斷用的屏門，格芯部份用四幅扇面圖案裝飾，外罩以玻璃。幽雅之中，已有一定時代氣息。

二一〇　餘蔭山房小院磚雕通花

圖為餘蔭山房進大門後小院内正面牆壁上的通花漏窗磚雕裝飾。漏窗為方形，四週圍有兩重細帶框和一重寬帶框，窗花為長方形八角圖案組成，寬帶以捲草凸雕砌成，整個磚雕通花呈現出樸素、清秀的風格。

二一一　廣東粵中某宅廳堂石礎

廳堂木柱、石礎為鼓形，有上下兩層，外形挺拔、清秀。

二一二　粵中某宅廳堂石礎

廳堂檐柱麻石造，下為石礎，八角形，雙層疊澀束腰式，外形清秀。

二一三　廣東臺山僑鄉民居火巷

二一四　廣東開平碉樓

碉樓是廣東粵中僑鄉地區村落為防御盜賊侵犯而建造的一種防禦性建築。平面近方形，下二層不開窗，三層開八字形小窗，頂層四角設凸出型角樓，作瞭望用。屋頂有各種形式，如中國傳統式、西方羅馬拱廊式、歐洲中世紀穹頂式等，這是當時由僑屬帶來的西方文化與中國傳統建築的結合。碉樓平面和外觀就是這種結合的產物。

二一五　廣東潮安某宅大門

本民宅為兩層樓房，大門凹斗式，門廊為拱券，外牆為石灰沙、泥、三合土碎實，壁面塗刷白灰。大門為黑漆雙扇門，二層開小窗，乃本地樓房中最常見的大門形式，其外觀穩重樸實。

二一六　潮安某宅凹斗門

潮州民居大門的一種形式，即凹入式大門，稱凹斗門。在門廊牆面上通常先用模線劃成面框，然後作裝飾處理。一般用麻石雕琢，可凸雕，也可凹雕。圖案一般用植物花卉，以表現户主的清雅儒風。

二一七　廣東潮安農村民居

粵東為平原地區，河流衆多。農村民居特色之一是充分利用水流、河塘。

二一八　廣東潮安彩塘鎮沿河民居

南方河流多，民居常沿河佈置。以交通為主的南北向河流兩岸，民宅要適應朝向，常以山牆面朝向河流，河岸闢道路作交通用。河流為東西向者，民宅則面向河流。河畔設交通道路和碼頭，有踏步可上下。

二一九　彩塘鎮某宅山牆

農村風水思想較重，在傳統民居外觀上深受影響，其部位通常為：一是大門，二是山牆。大門表現在雙扇大門下方用八卦圖像。民居山牆牆頭一般採用水式牆頭。因水壓火，象徵可以免火災。也有用金式牆頭，借用五行相生相剋學説，金生水，水剋火，象徵消去火災。五式牆頭線條流暢。圖案美觀，豐富了民居山牆外觀藝術。

二二〇　廣東澄海三落四從厝民宅外貌

這是潮州最典型的民居類型之一。三落即三進，四從厝即主座建築兩旁各帶兩列橫屋。其外觀為，三間主座建築居中，兩旁各為兩列山牆面。中軸對稱，左右排列規整，兩旁高聳的山牆面，猶如高頭大馬，而正中的三落宅第猶如安穩的大車，如像四馬在拉車，富有節奏感。

二二一　廣東澄海西塘庭園住宅拜亭

粵東庭園『西塘』是一座住宅、庭園、書齋三結合式民居。創建於清嘉慶四年（一七九九年）。

從大門進入小院，再經圓洞門，即為住宅。平面佈置是住宅在前，中部是庭園，後部為書齋。住宅為三開間式建築，帶前後廊。宅前附有拜亭，拜亭是户主燒香拜天祈禱之場所，建築做成四柱開敞式。拜亭位於庭院之正中，是庭院與廳堂之過渡空間。庭院開敞疏朗，並種植花草，有良好的居住環境。

二二二　廣東澄海某僑宅屋面

民居建築群的藝術表現之一，是屋頂的豐富類型及其有節奏的組合。近代，傳入了新材料、新技術，民居有了樓房和平頂，屋面組合更呈現出高低錯落、多層次，有張有弛的節奏感。

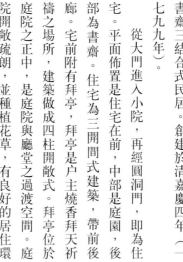

二二三　澄海某僑宅前埕圍牆漏窗

本宅平面為三落四從厝式民居。宅前有禾埕，為封閉式，前有圍牆，兩旁為出入大門和管理小院。小院與禾埕有漏窗圍牆相隔，圍牆漏窗採用圖案花紋，如福、祿等字，寓意宅第吉祥有福。

二二四　廣東揭陽三落二從厝民居外貌

這是潮州地區典型的中型民宅。其外觀中軸對稱，排列規則整齊，正中的凹斗門廊和黑漆大門，把整座建築統一組合起來，有穩定感和節奏感。

中國美術分類全集

中國建築藝術全集

第21卷 宅第建築（二）（南方漢族）

图书在版编目（CIP）数据

中國建築藝術全集（21）宅第建築（二）（南方漢族）／陸元鼎，陸琦編著．—北京：中國建築工業出版社，1999

（中國美術分類全集）

ISBN 7-112-03804-9

I．中…　II．①陸…②陸…　III．住宅－建築藝術－中國－圖集　IV．TU 881.2

中國版本圖書館CIP數据核字（1999）第04296號

中國建築藝術全集編輯委員會　編

本卷主編　陸元鼎　陸　琦

出版者　中國建築工業出版社（北京百萬莊）

責任編輯　張　建

總體設計　雲　鶴

本卷設計　王　晨　顧詠梅

印製總監　楊一貴

製版者　北京利豐雅高長城製版中心

印刷者　利豐雅高印刷（深圳）有限公司

發行者　中國建築工業出版社

一九九九年五月　第一版　第一次印刷

書號　ISBN7-112-03804-9/TU・2946(9052)

（京）新登字○三五號

國内版定價三五○圓